例題でわかる！
Fusion360でできる
設計者CAE

Standard版対応

水野 操 著

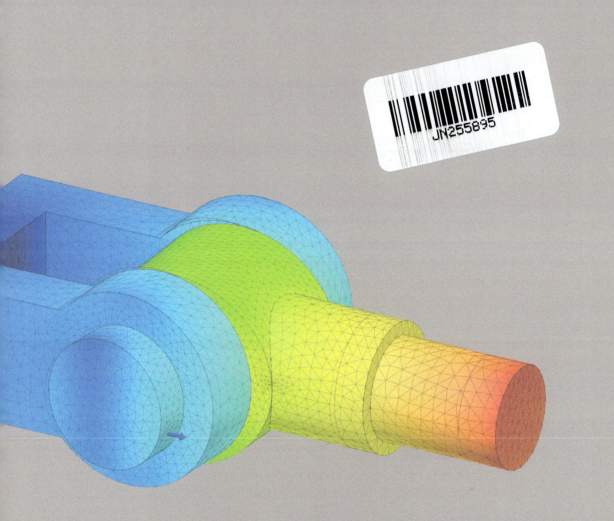

日刊工業新聞社

各種登録商標
FUSION 360™ は、AUTODESK社® の登録商標です。
なお、本書記事中では TM および ® は省略してあります。

はじめに

　これまで、設計者が CAE を使って構造解析をしようと思っても、解析専任者でなくても使える容易さと同時に業務で使える本格的な機能を備え、コストパーフォマンス良く提供するソフトはありませんでした。その状況を変えたのが Fusion360 です。

　本書は、Fusion360 Standard 版のシミュレーション機能を前提にした静的応力解析、モード周波数解析、伝熱解析、熱応力解析の学習を目的としています。本書で学ぶことは主に以下の項目です。

- ● 3D CAD のジオメトリをベースにした構造解析モデルの作成方法の学習
- ● Fusion360 の解析機能に関する基本操作習得
- ● 有限要素法の基礎知識の習得
- ● 解析に必要な材料力学などの知識の習得
- ● 解析結果の解釈
- ● 解析結果の設計へのフィードバック

　これらを学ぶことで、Fusion360 の Simulation を使って、機械部品をはじめとするさまざまなモデルの解析ができるようになり、設計業務の中で有効に活用できるようになることを目指します。

　なお、Fusion360 の解析機能を使うためには、あらかじめモデリングの機能を用いることで、3D のジオメトリが用意されている必要があります。3D のジオメトリは、Fusion360 で作成しても、あるいは SOLIDWORKS や Autodesk Inventor など、ほかの 3D CAD で作成したものを用いても構いません。ただし、本書は、解析機能の習得を目的としているため、3D のジオメトリ作成は特に説明していませんのでご了承ください。

　また、Fusion360 のシミュレーション機能は、比較的設計者が使用するものにフォーカスしているとはいえ、それでも相当な機能が用意されております。限られた紙面の中で、すべてを説明することは難しいため、あくまでも基本的な操作の習得を主眼とし、さらに自分で応用して使うことができるようになるための最初のステップとなることを目標にしています。

本書を使うにあたって
1. 本書では、解析に必要な基礎知識の習得とともに Fusion360 のシミュレーション機能の操作手順を覚えることを中心に据えています。
2. 解析に必須の条件を理解してください。
3. まずは、全体の流れを覚え解析の一連の操作を完了することに集中してください。
4. 解析結果とその解釈と設計へのフィードバックにも注意を向けてください。

例題でわかる！ Fusion360 でできる設計者 CAE　　CONTENS

LESSON 1 解析に必要な CAE 基礎知識

- 1.1 CAE とは…その定義と普及の背景 　　12
- 1.2 さまざまな種類の CAE 　　15
- 1.3 有限要素法とは 　　16
- 1.4 要素とは何か 　　18
- 1.5 解析プログラムで有限要素法を実行する流れ 　　18
- 1.6 単位系について 　　20
- 1.7 座標系 　　21
- 1.8 要素と自由度 　　25

    節点…**26** ／自由度…**26** ／要素が扱う自由度…**27**

LESSON 2 解析に必要な材料力学

- 2.1 荷重について 　　32

    引張り／圧縮…**32** ／曲げ…**32** ／ねじり…**33** ／せん断…**33**
- 2.2 応力と歪み 　　34

    ポアソン比…**36**
- 2.3 多軸場における応力 　　37
- 2.4 曲げ応力と断面 2 次モーメント、断面係数 　　38
- 2.5 ミーゼス相当応力と主応力 　　40

    主応力…**40** ／ミーゼス応力…**41**
- 2.6 応力と歪みの関係 　　42

    弾性域と塑性域…**42** ／延性材料…**43** ／脆性材料…**43** ／非鉄金属…**44** ／樹
    脂などの材料…**44**
- 2.7 材料力学と CAE との関係 　　45
- 2.8 コンター図の見方と設計への反映 　　46

LESSON 3 Fusion360 で学ぶ解析プロセス

- 3.1 Fusion360 のシミュレーションについて 　　50

    Standard 版で使用できるスタディ…**50** ／ Ultimate 版で使用できるスタ
    ディ…**52**

4

▶ 3.2 Fusion360 による解析のユーザーインターフェイス　53

▶ 3.3 Fusion360 による解析のプロセス　54

▶ 3.4 例題を用いたプロセスの練習　55

スムーズ／帯状の表示状態の調整…**72**／凡例で表示する色数の調整…**73**／凡例のバーの大きさの調整…**74**／表示できる結果の内容…**74**／凡例の表示幅の調整…**75**／最大値と最小値の表示…**75**／凡例の表示場所の移動…**76**／変形のスケールの調整…**76**／結果のアニメーション表示…**77**

▶ 3.5 理論値と解析モデルの違い　77

▶ 3.6 スタディのクローン化　79

▶ 3.7 解析メッシュについて　83

プローブ機能の使用…**86**

▶ 3.8 本章のまとめ　87

▶ 3.9 クイズ　88

▶ 3.10 演習 1　88

LESSON 4　静的応力解析のエクササイズ

▶ 4.1 軸受の解析　100

ステップ1　ファイルを開く　101

ステップ2　シミュレーション環境に移動する　101

ステップ3　材料の設定　102

ステップ4　拘束条件の定義　102

ステップ5　荷重条件の定義　103

正面の面に垂直の荷重…**103**／軸受荷重…**103**

ステップ6　解析条件の確認　104

ステップ7　解析の実行　105

ステップ8　結果の確認　106

解析結果の表示…**106**／変形スケールの変更 …**106**／最も低い安全率の場所を確認…**107**

ステップ9　パーツの改善　108

ステップ10　改善案の結果表示　110

ステップ11　異なる評価基準で評価する　111

安全率の確認…**111**／応力値の確認…**112**

▶ 4.2 強制変位による解析　113

ステップ1　ファイルを開く　114

境界条件について…**114**

| ステップ2 | 材料定数の定義 | **115** |

| ステップ3 | 拘束条件の定義 | **115** |

対称条件による Z 方向拘束…**115**／X 方向の固定…**116**／Y 方向の固定…
116

| ステップ4 | 強制変位の定義 | **117** |

| ステップ5 | 解析の実行 | **117** |

| ステップ6 | 解析結果の確認 | **118** |

安全率…**118**／応力の確認…**118**

| ステップ7 | 形状の変更 | **119** |

| ステップ8 | 形状修正後の解析結果 | **119** |

形状変更後の安全率の変化を確認…**119**／応力の確認…**120**

LESSON 5　応力緩和のノウハウを静的応力解析で学ぶ

▶5.1 荷重に耐えるには剛性を高めよう … **122**

▶5.1.1 改善案1 … **125**

▶5.1.2 改善案2 … **128**

▶5.2 台車の解析 … **130**

解析結果…**133**

▶5.2.1 対策その1 … **134**

変更後の解析結果…**135**

▶5.2.2 対策2 … **136**

再変更後の解析結果…**137**

▶5.3 ハンガーの解析 … **138**

▶5.4 強制変位に耐えるにはしなやかになろう … **148**

解析結果…**151**

▶5.4.1 改善案1 … **152**

▶5.4.2 改善案2 … **153**

▶5.4.3 改善案3 … **154**

同じ形状、同じ拘束条件でも対処が逆である理由…**155**

▶5.5 応力集中には形状で対抗 -1：角をなくそう … **157**

解析結果…**160**

▶5.5.1 対応策1 … **161**

▶5.5.2 対応策2 … **164**

▶ 5.6 応力集中には形状で対抗 -2：断面急変を避けよう ……………… 165

▶ 5.6.1 対策案 ……………………………………………………………… 168

▶ 5.7 荷重には荷重で抵抗 ……………………………………………… 170

解析モデルの作成…171 ／材料物性の定義…171 ／拘束条件の作成…172 ／
荷重条件の定義…173 ／解析結果の確認…174

▶ 5.7.1 改善案 ……………………………………………………………… 175

解析結果の確認…176

▶ 5.8 荷重対荷重で応力を低減できる理由 …………………………… 177

参考…179

演習問題 5-1 ………………………………………………………………… 181

演習問題 5-2 ………………………………………………………………… 182

LESSON 6 アセンブリ解析と接触の取扱い

▶ 6.1 接触条件について ………………………………………………… 184

接着…186 ／分離…187 ／スライド…188 ／粗い…190 ／オフセット接着…
191

▶ 6.2 接触条件を使ってアセンブリ解析をやってみよう ……………… 192

ステップ1 アセンブリの状況の確認 …………………………………… 193

ステップ2 シミュレーション環境への切り替え ……………………… 195

ステップ3 材料の定義 ……………………………………………………… 195

ステップ4 拘束条件の定義 ……………………………………………… 196

ステップ5 荷重条件の定義 ……………………………………………… 197

ステップ6 接触条件の定義 ……………………………………………… 197

ステップ7 剛体モードを解除する ……………………………………… 203

ステップ8 メッシュを生成する ………………………………………… 204

ステップ9 解析を実行する ……………………………………………… 206

ステップ10 解析結果の評価 ……………………………………………… 207

ステップ11 メッシュをさらに細かくする ……………………………… 213

演習問題 6-1 ………………………………………………………………… 215

演習問題 6-2 ………………………………………………………………… 216

演習問題 6-3 ………………………………………………………………… 217

演習問題 6-4 ………………………………………………………………… 218

LESSON 7 モード周波数解析

▶ **7.1 モード周波数解析の流れ** ……………………………………………… 220
モデルの定義…**221**／材料の定義…**221**／境界条件の定義…**222**／解析結果
の確認…**222**／（参考）もし、共振するような形で荷重がかかったら…**225**

▶ **7.2 プロペラの固有値解析** ………………………………………………… 227
モデルの定義…**227**／材料の定義…**228**／拘束条件の定義…**228**／設定の確
認…**229**／結果の処理…**229**

▶ **7.3 荷重の考慮** ……………………………………………………………… 232
解析結果の確認…**232**

▶ **7.4 固有周波数を変えるには** ……………………………………………… 234
解析結果…**235**

▶ **7.5 形状の変更による周波数の修正と方向性** ……………………………… 236
モデル形状の変更…**238**／検証…**239**／オリジナル形状…**240**／変更後の形
状…**241**

LESSON 8 伝熱解析

▶ **8.1 3種類の熱の伝わり方** ………………………………………………… 244
1）伝導…**244**／2）対流…**244**／3）輻射（放射）…**244**

▶ **8.2 定常解析と非定常解析** ………………………………………………… 245

▶ **8.3 熱伝導と熱伝達** ………………………………………………………… 246
熱伝導…**246**／熱伝達…**247**／放射による熱伝達…**249**

▶ **8.4 Fusion360による熱解析の流れ** ……………………………………… 250
解析対象…**250**／ワークスペースの切り替え…**251**／解析メッシュの確認…
252／材料物性の定義…**254**／熱荷重条件の定義…**255**／解析の実行…**258**
／解析結果…**259**／熱流束…**260**／温度勾配…**260**

改善案❶　輻射率の考慮 …………………………………………………… 261
輻射率の定義…**261**／解析結果…**261**／ヒント ヒートシンクからの熱の輻
射について…**262**

対応策❷　強制対流 ………………………………………………………… 262
熱伝達係数の変更…**262**／解析結果…**263**／参考情報…**263**／解析結果…
264

▶ **8.5 接触を考慮した熱伝導解析** …………………………………………… 265
解析モデルの定義…**265**／材料定義…**266**／メッシュ分割…**266**／熱荷重条

件の設定…**267** ／接触条件の定義…**269** ／熱コンダクタンスの入力…**270** ／

解析結果の評価…**271**

LESSON 9 熱応力解析

▶ 9.1 熱応力解析とは ……………………………………………………………… **276**

▶ 9.2 熱応力解析の流れ ………………………………………………………… **278**

モデルの設定…**278** ／材料物性のカスタマイズと設定…**279** ／材料の適用…

284 ／拘束条件の適用…**285** ／メッシュの設定 …**288** ／解析結果の処理…

289 ／強制対流に条件を変更する…**294**

ダウンロード案内

　本書に掲載した演習問題・クイズの解答例、および一部の 3D モデルデータ（.f3d）は、日刊工業新聞社（以下、弊社）の以下のアドレスより直接ダウンロードできます。両者を併せて zip 形式で圧縮されていますので解凍し、ご使用ください。

http://pub.nikkan.co.jp/html/fusion

　なお、本ダウンロードサービスによって提供されたデータの使用に際して起こったトラブルについて、著者および弊社はいずれの保証も致しません。利用者自身の責任においてご利用ください。また、データの使用法に関する質問については一切お答えできません。

　本データは、著作権法上の保護を受けています。著者の許諾を得ずに、無断で複写、複製することは禁じられています。

ダウンロードデータ一覧

● f3d データ

LESSON 3	p89	exercise_3-1.f3d
LESSON 4	p100	example_4-1.f3d
LESSON 4	p113	example_4-2.f3d
LESSON 5	p130	example_5-2.f3d
LESSON 5	p139	example_5-3.f3d
LESSON 5	p158	example_5-5.f3d
LESSON 5	p165	example_5-6.f3d
LESSON 5	p170	example_5-7.f3d
LESSON 5	p181	exercise_5-1.f3d
LESSON 5	p182	exercise_5-2.f3d
LESSON 6	p192	example_6-2.f3d
LESSON 6	p215	exercise_6-1.f3d
LESSON 6	p216	exercise_6-2.f3d
LESSON 6	p217	exercise_6-3.f3d
LESSON 6	p218	exercise_6-4.f3d
LESSON 7	p227	example_7-2.f3d
LESSON 8	p250	example_8-1.f3d
LESSON 8	p265	example_8-2.f3d
LESSON 9	p278	example_9-1.f3d

● 付録（クイズ・演習問題解答例）

LESSON 3	3.9　クイズ解答
LESSON 5	演習問題 5-1 ～ 5-2 解答例
LESSON 6	演習問題 6-1 ～ 6-4 解答例

LESSON 1

解析に必要な CAE基礎知識

解析に必要なCAE基礎知識

LESSON
1

最初のレッスンでは、Fusion360のシミュレーション機能に限らず、シミュレーションソフトウェアを使用して構造解析を行う前に知っておきたい基本的な知識について説明します。基本的な知識があることが、効果的にシミュレーション機能を使う条件と言えます。

▶ 1.1 CAEとは…その定義と普及の背景

CAEとは、Computer Aided Engineeringの頭文字をとったもので、直訳すればコンピューター支援による工学です。設計作業の中でおなじみのCADは、Computer Aided Designで、これはコンピューター支援による設計です。Engineeringも工学という意味合い以外に、設計という意味でも使用されるので、CAEもある意味でコンピューター支援による設計とも言えます。では、それらの意味合いの違いはというと、CADは主として、製品やそれらに使用される部品の形状を作ることが中心で、CAEはそれらの形状が構造的に強度を持っているのか、どのように変形するのか、強度に対してその形状が最適であるかなど、工学的な計算をすることが中心になります。また、最近ではプレス成形や射出成形、金属3Dプリンターによる成形プロセスなどの製造工程における事前検討などの用途にも用いられてきています。

設計したものがきちんと設計した通りの機能を果たすのか、十分な性能を持っているのか、あるいは想定される使用環境の中で十分な強度を持っているのか、壊れないのかといったことは、実際の製品の開発工程の中できちんと検証される必要があります。従来は、設計途中であれば、簡素化したモデルを手計算で検証し、その後試作を行って検証します。

しかし、現在は3D CADが普及してきたことにより、以前では難しかった形状が容易にモデリングできるようになったことで、形状を単純化せずにそのまま検証することが普通になってきました。また、試験では検証しにくいものや、パイプの中を流れる流体など目視も難しいものもあります。さらに、製品の性能を極限まで追い求めるために、設計最適化のニーズも求

---

1. 手計算では困難なケースの確認のニーズ

● 異方性材料など特殊な素材　　● 複雑な部品形状

● 多様な荷重条件を同時に検討　● 目視することが難しい場所

2. 開発リードタイムの短縮と継続的なコスト削減のニーズ

● 物理的な試作の削減　　● 製造プロセスの事前検討

3. 設計の最適化

▲ CAEが求められる背景

められてきています。また、材料も新しいものが次々に生み出されてきており、現実的な開発のサイクルタイムの中での効率的な設計には、コンピューターの支援なしに行うことは難しくなってきています。

さらに、製品寿命とともに開発サイクルが短くなり、開発現場にはリードタイムの短縮とともにコストのかかる物理的な試作の回数も減らすことが求められてきています。この際、製品そのものの検証だけでなく、製造プロセスまでも事前に検証することが求められてきています。このような状況のため、解析のニーズが増加しつつあるのです。

同時に、CAE業務を日常的に行わない設計者でも使いやすい、CAEソフトの登場がCAE活用の後押しをしています。従来、解析を行うには、解析のためのプリプロセッサーを使用して解析のためのメッシュを作成し、要素の節点に必要な境界条件などをつけるといった手間のかかる作業を行う必要がありました。最近はソリッドなどのジオメトリをそのまま活かす操作が可能になっていますが、高機能なだけに設定項目も多く、慣れていないと面倒で戸惑いがちです。CADとは異なるプリポストの操作方法にも習熟する必要があり、お手軽ということが難しかったのです。

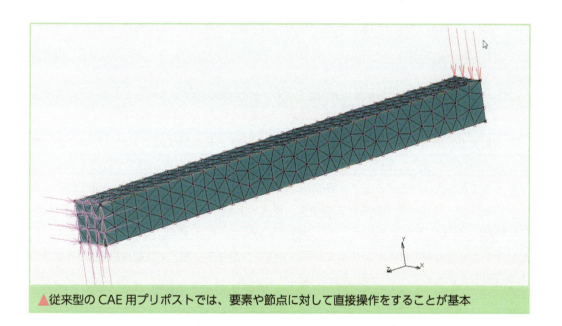

▲従来型のCAE用プリポストでは、要素や節点に対して直接操作をすることが基本

ところが、3D CADと連携するCAEソフトが普及したことで、解析のセットアップから実行、そして解析結果の処理までを、解析メッシュを一切見ることなく実行することすら可能になりました。

> 1. CAEツールのユーザーインターフェイス（UI）の変化の変化
> - 設計者寄りのUI ● メッシュではなくジオメトリの操作
> 2. 設計者CAEの機能の高度化
> 3. ソフトの低価格化

▲設計者にCAEが着目されはじめた理由

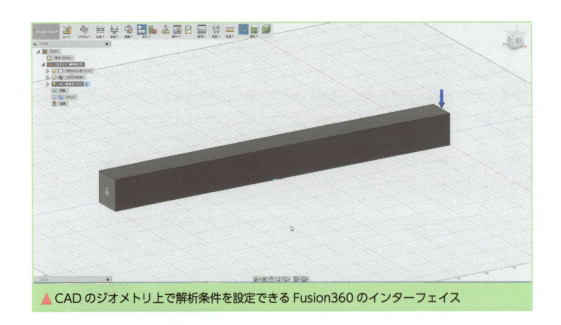

▲CADのジオメトリ上で解析条件を設定できるFusion360のインターフェイス

　これにより、設計者にとっても使い勝手の面でのハードルが大幅に下がったのです。また、Fusion360のような安価な3D CADに基本的な構造解析の機能が標準で装備されるようになったことも大きいと言えます。解析専門のCAEソフトは、非常に広範で高度な機能を有していますが、その一方で非常に高額です。従来のCAD連携で使用できるCAEもやはり、CAD本体に加えてさらに100万円以上の投資が必要で、CAEに魅力があったとしても、容易に手が出せるものではありませんでした。このようなコスト面での負担低減もCAE普及の大きな要因と言えます。

1.2　さまざまな種類のCAE

　一口にCAEのソフトウェアといっても、さまざまな種類の解析プログラムがあります。機械部品などの設計者にとって、一番身近なのが応力解析です。構造解析とも言われることもありますが、物体に荷重などが載荷されたときに、その物体がどのようにたわむか、どこか破壊されてしまうところがないかなどの強度計算を行います。実際、最もニーズが高いのが構造解析だけと考えてよいでしょう。しかし、実は応力解析といっても、さらに細かく分類できます。例えば、物体の挙動が線形なのか非線形なのか、あるいは静的なのか動的なのか、という分類もあります。

　また設計者が相手にするのは機械荷重だけではないことも珍しくあります。私たちの身の回りの機械、たとえば、解析で使用するパソコンなども中の部品が発熱します。つまり熱源や熱が物体にどのような影響を与えるのかも考えていく必要があります。熱伝導解析や熱による変形などを考慮した熱応力解析と呼ばれるものです。

　物によっては振動に対する考慮が重要になる場合があります。使用される部品によっては、その部品自身の固有の周波数と共振してしまうと、その物体が破損してしまうことがあります。そのような固有値を知るための固有値解析などがあります。

　また、解析の対象は形ある物体だけとは限りません。最近では空気の流れなどを考慮した流体解析や熱流体解析なども普及してきていますし、溶けた樹脂がどのように流れるのか、といった樹脂流動解析は、金型設計や金型で製造する樹脂部品の設計の現場でも活用されるようになってきています。

　最近の解析の世界では、従来、異なる分野の解析と考えられてきたものを相互に連成させて解くことがトレンドになってきています。というのも、実際の世界では、熱と構造、熱と流体、流体と構造や振動と音響などさまざまな分野が相互に影響を与えあっているので、より正確に挙動をシミュレーションしようとすれば、このような連成解析が必要になってくるのです。とはいっても、従来はPCなどのハードウェアの能力の制限から必ずしも簡単なものではありませんでした。もちろん現在でも解析によっては難しいのですが、ハードウェアの性能の向上からかなり現実的なものになっています。

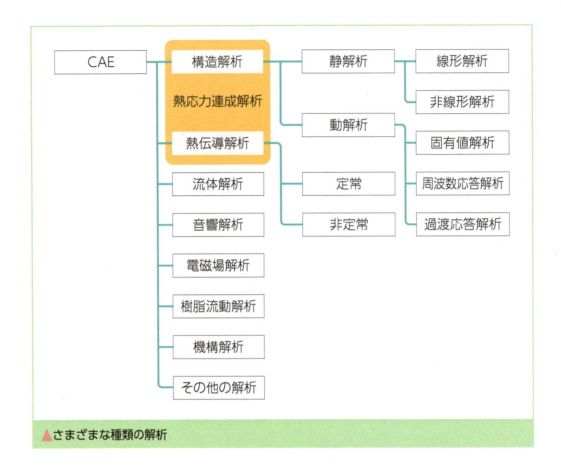

▲さまざまな種類の解析

▶ 1.3 有限要素法とは

　有限要素法とは、英語では Finite Element Method といいます。単純な片持ち梁などの形状であれば、理論値を求めるための計算式が広く知られており、手計算でも応力を求めることができます。しかし、実際の部品の形状は複雑であり、荷重もさまざまな場所にさまざまな方向からかかってきます。そのような場合の計算を理論的に行うことは困難です。

　しかし、それらの形をある有限の大きさの小さな領域と考え、「最終的な物体の挙動は、それらの小さな領域の集合体と考えてみたらどうでしょうか？」より、現実的に解決可能な問題になります。このような有限の個数の要素を使った計算法が有限要素法なのです。

　詳しい説明は後述しますが、一つひとつの要素をバネのようなものと考えて、その一つひとつのバネにかかる荷重の釣り合いを解いていくプロセスを、解析のプログラムが果たしているわけなのです。

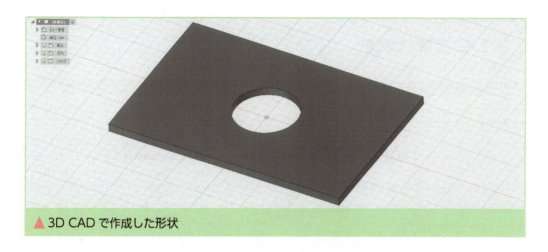

▲ 3D CAD で作成した形状

　上記の例は穴の空いた平板ですが、実際には一つの連続体です。有限要素法では、有限個数の領域に分割します。2次元の解析であれば、四角形や三角形の形の要素に分割しますし、3次元のような立体であれば、六面体や四面体の要素に形状を分割します。下記の例は、Fusion360 の解析機能で用いられる例です。元々の穴あき平板を、数多くの四面体要素に分割しています。

　Fusion360 で解析を行う場合に、解析のセットアップの段階でも、このような解析メッシュを意識することはあまりありません。しかし、実際には裏でこのようなメッシュが作成されています。普段は、意識していなくても、思ったほど、解析結果の精度が出ていないなどのときには、メッシュに対する操作が必要になることがあります。ひとまず、ここでは、解析にはメッシュが使われるということを覚えておきましょう。

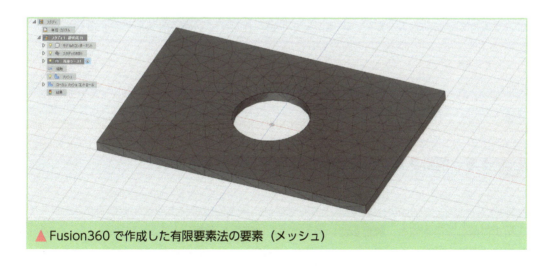

▲ Fusion360 で作成した有限要素法の要素（メッシュ）

1.4 要素とは何か

ここで、簡単に要素というものが何か、ということに触れておきたいと思います。

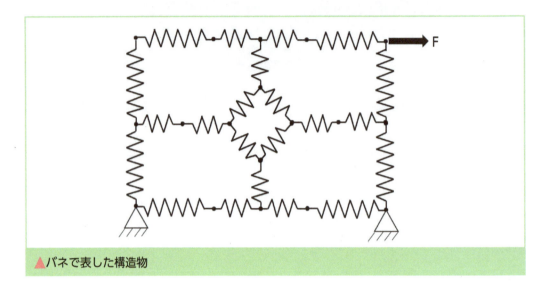

▲バネで表した構造物

　有限要素法では、一つひとつの要素をバネのようなものであると考えます。先程の穴あき平板もこのようなバネのようなものと考えます。一つのバネの変位とそこに発生する力は簡単に計算することができます。あとは、それを足し算すれば良いわけです。もちろん、3次元の要素なので実際には、縦横高さなど複数の方向に対するバネを考えないといけないわけですが、基本的にはこのような考え方をしていると理解してください。

　バネとそれにかかる力と変位の関係は、よく知られたフックの法則で示すことができます。

$$F = kx$$

　ここでkはバネ定数、Fが荷重、xは変位量です。このkについては、レッスン2でも出てくるので覚えておきましょう。

 1.5 解析プログラムで有限要素法を実行する流れ

　CAEのプログラムを使っての解析作業の流れは、以下のようなものが一般的です。
①解析対象となる物体と、解析したい現象と得たい結果を定義します。
②解析に必要な諸条件を整理し、定義します。解析ソフトで用意していない特殊な材料を用いる場合には、それらの材料の材料物性もここで用意します。

③解析対象となるパーツやアセンブリの形状を準備します。いわゆるモデリングの作業になります。なお、専門の解析プログラムのプリポストで直接メッシュを定義する場合にはCADの形状はいりませんが、最近は3D CADの形状を元にすることが多いので必須のプロセスと考えてよいでしょう。

④プリプロセッサーで解析に必要なデータを作成します。材料物性の定義や境界条件の定義がここにあたります。

⑤解析用の入力データを計算プログラムである「ソルバー」に投入して、シミュレーションを行います。

⑥ポストプロセッサーで、解析結果を分析します。

この後に解析結果を元に必要であれば、部品形状の修正などを行います。

通常、解析プログラムと呼ばれるものは、プリポストとソルバーの2つのプログラムから構成されています。

プリプロセッサーとポストプロセッサーは、通常一つのソフトとしてまとめられていて、プリポストと呼ばれることが一般的です。プリポストは、解析に必要な諸条件を定義して、解析に必要な入力データを作成し、またソルバーから戻ってきたデータをポスト処理して結果の評価ができるようにグラフィカルに結果を表示します。ソルバーは、その名の通り、計算を実行し、問題を解くためのプログラムです。現在の解析プロセスでは、ソルバーが理解できる入力データを直接作成することも、またソルバーを直接起動することもほとんどありません。特に設計者CAEの場合には、通常私たちが目に触れ、操作するのはプリポストのみです。

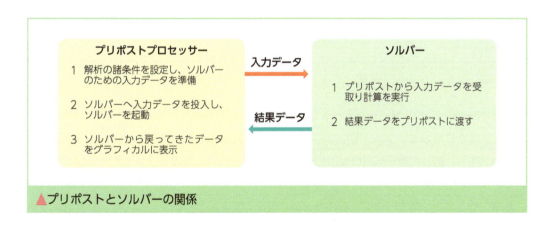

▲プリポストとソルバーの関係

Fusion360の場合にも、ユーザーが触るのは、このプリポストの部分です。プリポストに用意されている解析の起動ボタンをクリックすれば、データはバックグラウンドでソルバーが起動され、解析に必要な情報はソルバーに自動的に投入されます。

通常、CADと一体になっているCAEソフトの場合でも、CADのジオメトリやアセンブリなどを定義するファイルとは別個に解析用のファイルが作成されるのが一般的ですが、Fusion360の場合には、別個に解析関連のファイルは作成されることなく、形状など同じ一つのファイル内に情報が格納されます。

また、Fusion360のユニークな特徴として、解析の種類によって、使用するソルバーのロケーションを選択することができます。ローカルソルバーと呼ばれるものは、ソルバーが自分の使用するPCにインストールされます。クラウドソルバーは、すでにオートデスクが用意しているクラウド上のソルバーを使って計算を行います。どちらのソルバーを使用しても解析の結果は同じですが、大規模解析をするにはクラウドソルバーが有効です。

1.6　単位系について

3D CADで形を作っている際にも、もちろん単位については気をつけていると思いますが、モデリングの際に気にするのは、基本的には長さの単位のみであることがほとんどでしょう。しかし、解析を行う場合には、長さ以外にも単位に関する注意が必要です。日本においては、多くの企業が、SI単位系という国際的な単位系を使用していると思います。SI単位系は、7つの基本単位と、それらの基本単位を組み合わせた組立単位、そして、非常に大きな値や小さな値を扱うときに使用する接頭辞の組み合わせからなります。

基本単位　長さ：メートル(m)、質量：キログラム(kg)、時間：秒（s）、電流：アンペア（A）、熱力学温度：ケルビン（K）、物質量：モル（mol）、光度：カンデラ（cd）

組立単位例　面積：平方メートル（㎡）、体積：立方メートル（㎥）、力：ニュートン（N）、圧力・応力：パスカル（Pa）など

接頭辞例　キロ：1,000（k）、メガ：1,000,000（M）、ミリ：0.001（m）など

▲ SI単位系

解析業務の中で、特に気をつけなければいけないのが、この単位です。SI単位系の場合には、私たちが日常使用している単位と異なる場合もあり、注意をしないと正しく解析条件を設定できないですし、誤った解析結果の原因になります。気をつけているつもりでもケアレスミスは珍しくないので注意しましょう。

解析を行ううえで間違いやすいものの一つが荷重に関するものです。私たちは日常的に、体重は60kgですとか、ここに10kgの荷重をかけてと言うことが普通ですが、そもそもkgとは質量の単位であって、荷重や重量の単位ではありません。つまり私たちが重量として言っているものは、厳密には60kgではなくて60kg重（kgf）です。さて、このkg重という単位は、解析では使用しません。またkg重はSI単位系の中にもありません。

SI単位系で現在、力の単位となっているのはN（ニュートン）です。なお、NはSIの組立単位で、基本単位で表すとm・kg・s^{-2}で、1Nという力は、質量（重量ではありません）が、1kgの物体を毎秒、秒速1mずつ加速させる力という意味になります。Fusion360のシミュレーション機能でも使用する力の単位は、Nです。

　もう一つ注意しなければならないのが、接頭辞です。接頭辞とはキロ（k）とかメガ（M）、あるいはm（ミリ）です。SIの基本単位や組立単位と合わせて使用します。例えば、工業製品の設計において標準的に使われるmmは基本単位である、メートルに1/1000を表す接頭辞のミリが組み合わされたものです。キロが1,000、メガが1,000,000の接頭辞であることは、最近ではコンピューターのメモリなどの大きさを示すときに日常的に使用される接頭辞なので、馴染みのある人も多いと思います。こちらにも注意が必要です。

　例えば、材料物性のヤング率とか、応力の単位で使用されるPa（パスカル）ですが、基本単位の組み合わせでは、N/㎡になります。実際解析ソフトなどの結果も、この単位で表されることもあるのですが、実際にはPaで表現すると数値が非常に大きなものになりがちです。そこで、メガ（M）と組み合わせて、MPa（N/㎟）で表現することも一般的です。このあたりを混乱してしまうと、結果の評価を間違ってしまいます。「そんな間違いあるはずない」と思うかもしれませんが、案外起こりがちなミスなので注意が必要です。

 ## 1.7　座標系

　多くのCAEのソフトでは、座標系を定義するためのコマンドが用意されています。もちろん、それらを定義しなくても使用することができますし、実際問題、任意の座標系を設定する機会はそれほど多くはありません。しかし、評価するものの形状や、何を評価するのかによって、任意の座標系を定義することで、解析条件の設定がやりやすくなったり、あるいは結果の評価を間違いなく行ったりできるようになります。

　通常特に何も座標系を設定しない場合に使用されるデフォルトの座標系が、「直交座標系」です。直交座標系とは、縦、横、高さの3つの軸が互いに直角に交わるようになっている座標系です。通常それぞれの方向の成分は、x、y、zで表現されます。

　座標系は非常に重要で、座標系があることで、空間上のある一点を正確に表すことができます。また、例えば荷重の方向も正確に表現することができます。なお、座標系は、空間全体を表現する全体座標系として表現する場合と、局所的に原点や方向を定義して表現する局所座標系があります。しかし、どちらの場合でも、一点をユニークに正確に表現できることに変わりはありません。

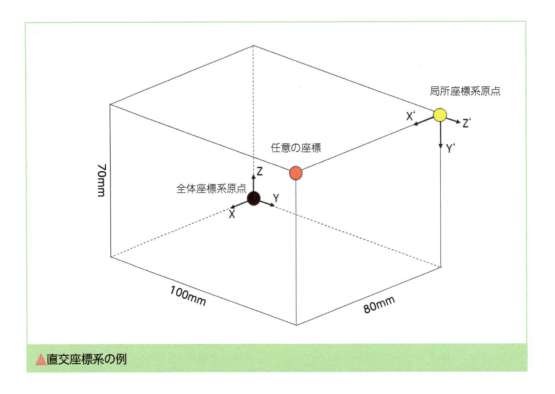

▲ 直交座標系の例

　例えば、上記の黒い原点を持つ全体座標系であれば、赤い丸印で示した任意の位置の座標値は、(80, 100, 70)となりますが、黄色い局所座標系を使った場合には、(80, 0, 0)になります。どちらでもそれぞれの基準で位置をユニークに表現しています。このような直方体では問題になりませんが、例えば斜めに傾いた面などで、面に鉛直な方向から荷重をかけるとか、その面と平行な方向で応力を確認したいなどの場合には、局所座標系で評価できると便利です。

　このほかにもよく使用される座標系があります。それらが円筒座標系と極座標系です。直交座標系では、座標を縦、横、高さである（x、y、z）で表現しましたが、円筒座標系では、半径、角度、高さである（r、θ、z）で表現します。一般に円筒形のものの座標値を、直交座標系で定義しようとすると、0度とか90度の位置以外の場所は中途半端な座標値になり、間違いも発生しやすくなります。またどこかに集中荷重をかける場合なども、円筒座標系の方が定義しやすいでしょう。

　なお、円筒座標系の（r、θ、z）と直交座標系（x、y、z）の間は以下の関係式で変換できます。

　　$x = r \cos\theta$、$y = r \sin\theta$、$z = z$

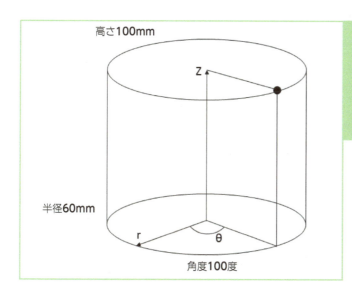

◀円筒座標系の例
図のようなような例での、黒い点で表現されている座標の位置は、(60mm, 100度、100mm) という形で表現することができます。

　この座標系を使ったほうが評価しやすい形状があります。例えば円筒形の容器に圧力をかけた場合に発生する応力で確認したいのがフープ応力という円周方向にかかる応力とラジアル応力という放射方向の応力です。円筒形であれば、例えばフープ応力の場合、どの角度の位置で応力を評価しても一定になります。ところが、それを直交座標系の応力成分で評価すると、角度によって応力が変わってしまいます。評価がしづらくなるのです。

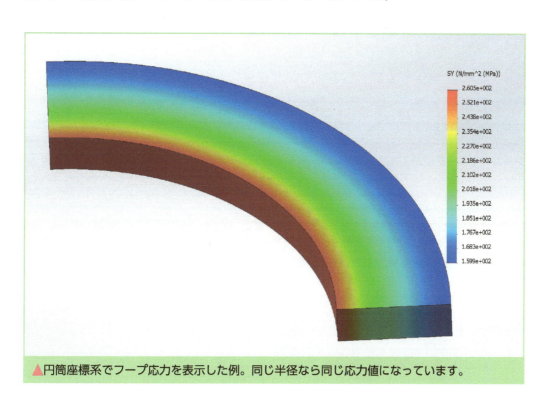

▲円筒座標系でフープ応力を表示した例。同じ半径なら同じ応力値になっています。

23

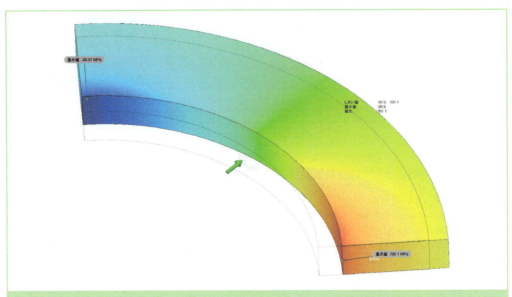

▲直交座標系で応力の成分 σzz を表示した例。(画面上方向が、右手方向がX、リングに鉛直方向がY) X軸上でフープ応力一致するので数値は確認できるが、評価はしづらい。

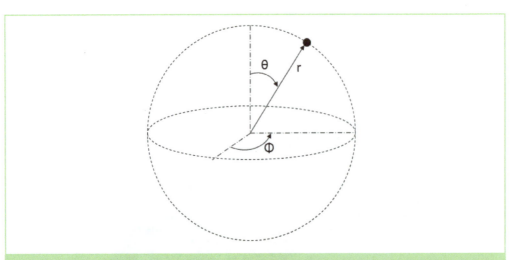

▲もう一つ、よく知られている座標系としては球座標系があります。なお、極座標系と呼ばれることもあります。球座標系の場合には、座標を半径と2つの角度である（r、θ、Φ）で表現します。

球座標系（r、θ、Φ）と直交座標系（x、y、z）との間の関係は以下の関係式で表現することができます。

$x = r \sin\theta \cos\Phi$、$y = r \sin\theta \sin\Phi$、$z = r \cos\theta$

どの座標系を使っても、任意の一点を表現することができます。したがって、どの座標系を使うのが正解というものはありません。しかし、評価対象の形状によって、あるいは評価したい内容によって、もっとも適した座標系を選ぶべきとは言えるでしょう。

なお、2017年9月時点でのFusion360のシミュレーションの機能では、座標系設定の機能は備わっていませんので、直交座標系を使用することになります。しかし、解析を行ううえで座標系の考え方は重要なので、あえてここに示しておきました。

 ## 1.8　要素と自由度

1.3節で、有限要素法では、実際には連続体である構造体が有限個数の「要素」という単位に分けられて計算されることを説明しました。ここでは要素を、もう少し詳しく説明するとともに要素の挙動を定義する「自由度」についても説明したいと思います。

要素にはさまざまな種類がありますが、どの要素にも共通しているのが、複数の節点とそれらを結ぶエッジ、そして3次元の要素であれば面によって構成されています。また、2次要素といって、エッジ上にさらに節点が定義されている要素もあります。一般に、設計者向けのCAEソフトの場合には、要素の種類は比較的限定されていますが、解析専任者が使用するソフトでは、一見似たような形でも構成則などが異なり、100種類以上の要素を使い分ける場合があります。以下が3次元の解析で比較的よく用いられる要素です。

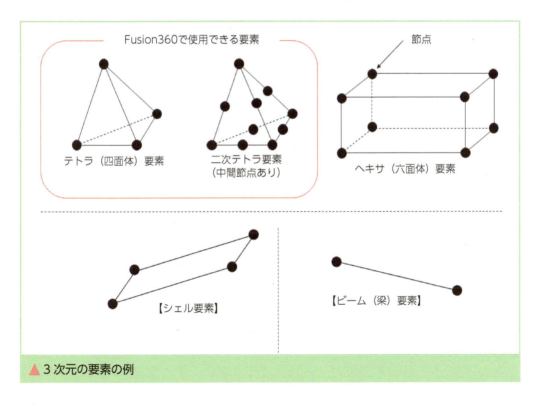

▲3次元の要素の例

テトラメッシュは、メッシュを自動生成しやすく多くの 3D の解析モデルで使用されています。ただし、一般的には二次のテトラ要素やヘキサ要素よりも変位量が小さくなる傾向もあるので、求める解析の精度によっては、二次要素を使用するか、またはかなりメッシュを細かくする必要があります。

　2017 年 9 月時点の Fusion360 でサポートしているのは、一次および二次のテトラ要素です。テトラ要素は解析専用プリポストでも自動メッシュなどでよく使用されています。

節点

　節点は、要素の頂点に存在します。ただ、有限要素メッシュの場合には、単に要素の形を定義付ける頂点という役割以外のものがあります。解析を行う際に、要素を固定したり、荷重をかけたりする場合に、それらの定義を行う対象が節点になります。また、外力を与えるだけでなく、物体の変形もこれらの節点がどのくらい動いたのかで表現されます。これらの節点のどの方向の成分を拘束するのか、どのくらい動いたのか、並進成分だけなのか、回転成分もあるのか、ということを考えるのに必要なのが、次にお話する自由度です。

自由度

　構造解析によって求める結果はさまざまですが、その中で最初に行うのが変形量を求めるということです。では、その変形量はどのように求めるのでしょうか。変形量は、節点が元の位置からどのくらい動いたのかを知ることで求めることができます。その移動量を定義づけるために必要なのが「自由度」です。

　仮に誰かがボールを上に放り投げたとします。投げる直前の手の位置から最も高く上がった位置までの移動距離は、定量的に縦、横、高さ、つまり X の移動量、Y の移動量、Z の移動量で表現することができます。基本的に位置はこの 3 つの並進成分で表現できますが、これらの一つの成分が一つの自由度になります。つまり、この物体は 3 つの並進自由度を持っているということになります。しかし、より厳密に物体の挙動を示すのには、この 3 つでは足りません。ボールを投げると普通は回転しています。3 つの並進成分だけでは、この回転を表現することができないのです。そこで、ここで回転の自由度を考えてみます。X 軸回りの回転、Y 軸回りの回転、Z 軸回りの 3 つの回転の自由度をボールに持たせることで、3 次元空間上での向き（オリエンテーション）も表現することができます。つまり、空間上の物体のポジションとオリエンテーションの変化は、これらの 6 つの自由度で表現することが可能なのです。

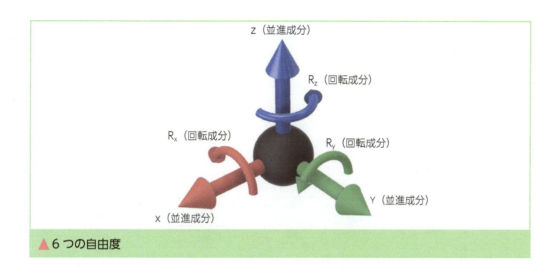
▲6つの自由度

要素が扱う自由度

　3次元空間上で扱う物体の自由度は、前節で述べた通りなのですが、実際に要素に定義できる自由度は、必ずしも6自由度すべてではありません。具体的には、テトラ要素やヘキサ要素のようなソリッド要素の場合には、各節点の自由度は、並進成分のX、Y、Zのみです。どういうことかというと、節点に対して並進荷重を載荷したり、あるいは各方向への移動を拘束したりすることができるのですが、節点に対してモーメントやトルクなどをかけることはできません。実際の解析ではただ、一点に荷重をかけたり、モーメントをかけたりすることはあまりなく、特に3D CADのジオメトリをベースにモデルを作れば、CADのジオメトリ全体に荷重やモーメントをかけることになると思います。ここでは、ソリッド要素の節点は回転の自由度を持っていないということを覚えておいてください。

　Fusion360では扱いませんが、シェル要素やビーム要素の節点は回転の自由度も持っています。このような要素であれば、各節点に直接トルクなどの回転荷重をかけることができます。

要素形状	自由度	節点数	適用構造	荷重
四面体（ソリッド要素）	3並進成分（X, Y, Z）	4	ソリッド	並進荷重（X, Y, Z）
六面体（ソリッド要素）	3並進成分（X, Y, Z）	8	ソリッド	並進荷重（X, Y, Z）
シェル要素	5成分　3並進成分（X, Y, Z）+ 2回転成分（Rx, Ry）	4	サーフェイス	並進荷重（X, Y, Z）回転荷重（Rx, Ry）
ビーム要素	6成分　3並進成分（X, Y, Z）+ 3回転成分（Rx, Ry, Rz）	2	骨組みなど	並進荷重（X, Y, Z）回転荷重（Rx, Ry, Rz）

▲要素の種類と対応する自由度の例

シェル要素を使うことで、薄肉の板金のようなものもソリッド要素よりも効率的にモデル化できたり、厚さ方向に複数の材料定数を定義したりすることができるため、FRPなどの積層複合材などの解析にも使用されます。

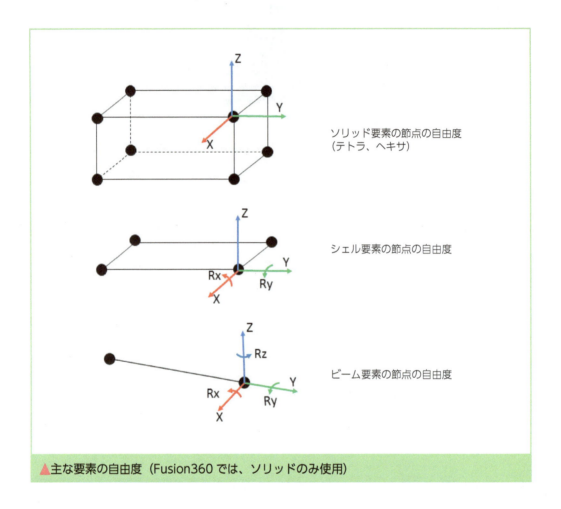

▲主な要素の自由度（Fusion360では、ソリッドのみ使用）

解析に必要な
材料力学

LESSON 2 解析に必要な材料力学

　2番目のレッスンでは、有限要素法で構造解析を行うにあたって、必ず知っておきたい材料力学などについて説明します。材料力学の基本的なことをおさえておくことは、2つの点において重要です。

　1つ目は、Fusion360の解析結果を解釈するためです。解析結果では変位や歪み、安全率、そして応力などを確認しますが、それらの意味をきちんと理解していないと正しく解析結果を評価することができません。

　2つ目は、設計しているパーツへの解析結果のフィードバックと、それに基づく設計の改善です。解析の結果得られた応力が高い、あるいは極度に集中していて形状を変更しなければならないという場合に、どのように形状を変更すればよいのかということをよく知っておくことが大事です。そうでないと、やみくもに形状を変更することになる、あるいは変更しても思うような結果が出ない、あるいは結果が悪化するということもありえます。

　さらに、その結果がそもそも妥当なのか、についても材料力学を知っておくことが重要です。
　例えば、以下のような解析結果が出ましたが、果たしてこれは妥当でしょうか。
　直径30mm、長さが200mmのアルミ製の丸い棒の一端を固定し、手前に見える端面にモーメント荷重をかけてみます。

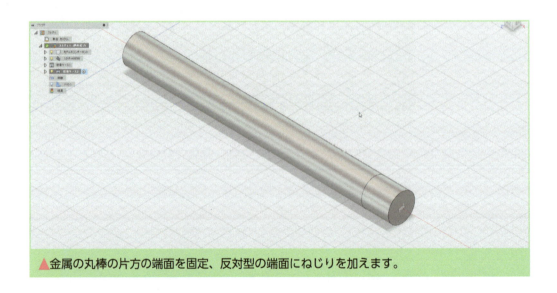

▲金属の丸棒の片方の端面を固定、反対型の端面にねじりを加えます。

この解析を頼まれた人は解析結果を次のように報告しました。

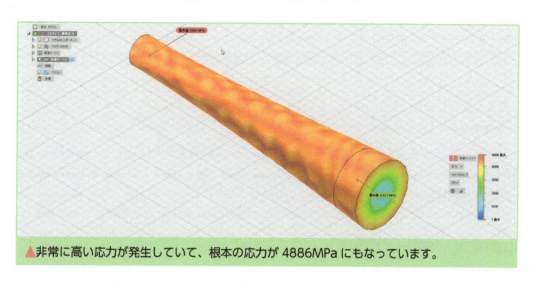

▲非常に高い応力が発生していて、根本の応力が4886MPaにもなっています。

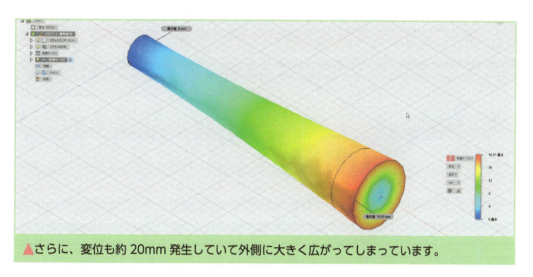

▲さらに、変位も約20mm発生していて外側に大きく広がってしまっています。

この解析結果をどのように受け取るでしょうか？

結論から言うとお話にならない、というのが答えになるはずです。ここまで極端でないにせよきちんとした工学的な知識がなければ、出てきた計算結果をそのまま鵜呑みにすることもありえます。

変位から考えてみましょう。直径30mmのアルミの棒が外側に20mmも広がってしまうでしょうか。さらに、応力が4886MPaもありえません。今回使用したアルミ7075の場合には、材料が塑性変形をしてしまう降伏応力は145MPaで、この応力に達するはるか手前で、塑性はもとより破断してしまうでしょう。現実的にはありえない結果です。

このような結果になった原因は2つあります。本当は5,000N・mmのモーメントをかけたかったのに、単位を間違って5,000N・mのモーメントをかけてしまいました。つまり、1000倍のモーメントをかけてしまったのです。このようなことは、きちんとした知識を持っていればすぐに気がつくはずですが、案外単位による間違いも珍しくありません。

また、変形が非常に大きいため、そもそも今回扱う「線形」の範囲内で計算すると大きな誤差を発生させてしまいます。

シミュレーションソフトは、素直に淡々と入力された情報をもとにプログラムされた式に沿って計算結果を出すだけです。技術者としては、自分が何をやっているのかをきちんと把握することが重要なのです。

2.1 荷重について

構造物への荷重のかかり方としては一般的には下記の4つのパターンが考えられます。

引張り／圧縮

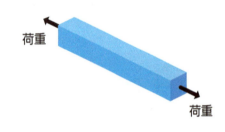

このような棒を考えたときに軸方向に引張ったり、圧縮したりするようにかかる荷重です。荷重をかけるという場合には、このような引張りや圧縮を考えることがもっとも一般的です。

曲げ

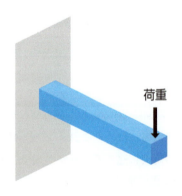

この図では、左側の端面を固定して右側にこの棒を曲げるような荷重がかかることを想定しています。物体の中に発生する挙動としては、引張りや圧縮が、物体の中の挙動が一様なのに対して曲げの場合には、例えばこの例では上面は引張り、下面は圧縮というように一つの物体の中に両方の挙動があります。

ねじり

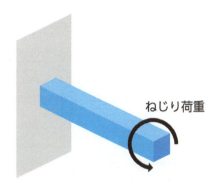

ねじりは断面をひねるような荷重で、モーメント、あるいはトルクになります。ねじりの場合には、次に紹介するせん断応力を発生させる力とも考えることができます。回転する物体も世の中には多く存在しますので、トルクの定義も重要です。

せん断

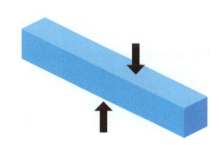

せん断は、ハサミで断ち切るような力のかかり方をします。

一口に荷重といっても、どのように荷重を定義するのかで、物体の変形や発生する応力が異なってきます。いかに、現実に即した荷重を定義してやるのか、ということが重要になります。

▶ 2.2 応力と歪み

　さて、Fusion360で構造解析を行う場合に必ず確認するものがあります。それが、「応力」であり、「歪み」です。また、応力や歪みには、その定義によってさまざまな種類のものがあり、材料の特徴によって、あるいは何を評価するのかによって適切なものがあります。したがって、応力とは何か、歪みとは何か、をしっかりと理解しておく必要があります。

　そもそも「応力」とは何でしょうか。
　まず、引張応力を考えてみましょう。応力の基本的な定義は以下の通りになります。

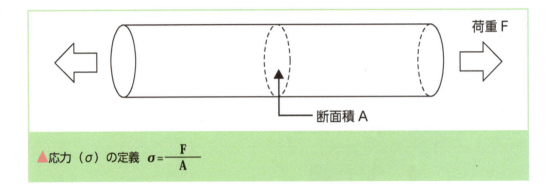

▲応力（σ）の定義　$\sigma = \dfrac{F}{A}$

　平たく言うと、応力とは単位面積あたりにかかる力ということになります。そのため応力の単位は、MPa とか、psi などのような圧力と同じ単位です。
　この場合の歪みを考えてみます。
　歪みとは、元の長さと変形後の長さから求めることができます。

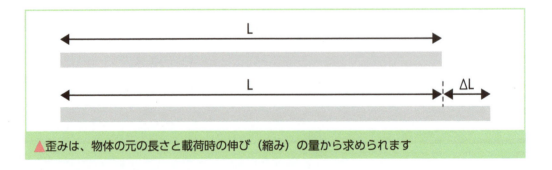

▲歪みは、物体の元の長さと載荷時の伸び（縮み）の量から求められます

　元の長さを L として、荷重をかけたときの伸びた量を ΔL とします。
　この２つの数値を元に、歪み ε は下記のように計算されます。

$$\varepsilon = \frac{\Delta L}{L}$$

応力σと歪みεの間には以下の関係式が成り立ちます。

$$\sigma = E\varepsilon$$

ここで、Eは縦弾性係数、あるいはヤング率と呼ばれる物性値です。ヤング率は材料によって固有のものでその材料の弾性を表す重要な数値で、応力解析に必須です。

次に、せん断について考えます。
せん断は、荷重のかかり方のところで述べたように、物体をハサミで断ち切るように働く力です。図で表すと以下のようになります。

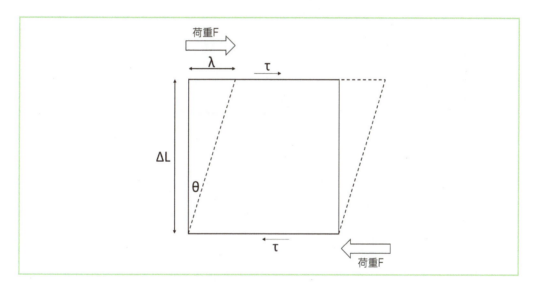

垂直歪みはεで表現しますが、せん断歪みは、γで表現します。せん断歪みとは、単位長さあたりのすべり量ということになりますが、以下の式で求めることができます。

この値は $\tan \theta$ になります。 $\quad\gamma = \dfrac{\lambda}{\Delta L}$

せん断応力は、τで右の式で表現されます（Aは断面積）。 $\quad \tau = \dfrac{F}{A}$

単位面積あたりに作用する接線力ということができます。
また、γとτの関係は垂直応力と同様に以下の関係式で表すことができます。

$$\tau = G\gamma$$

ここで、Gは横弾性係数と呼ばれる物性値です。

ポアソン比

解析を行ううえで、もう一つ必須の材料の物性がポアソン比です。

単軸の引張りを考えます。荷重をかけて引張れば、引張った方向の長さは長くなりますが、逆に横幅は縮みます。この縦歪みと横歪みの関係がポアソン比となります。

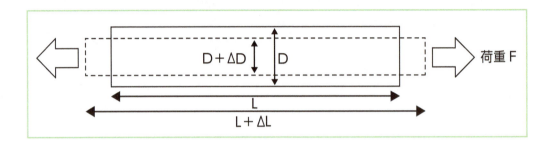

ここで縦歪みは、
$$\varepsilon = \frac{\Delta L}{L}$$

横歪みは、
$$\varepsilon' = \frac{\Delta D}{D}$$

になります。したがって、ポアソン比 ν は、
$$\nu = \frac{\varepsilon'}{\varepsilon}$$

となります。

一般的に、金属などよく使用される材料のポアソン比は、0.3前後のものが多く、ゴム材のようなエラストマをはじめとする非圧縮性の材料の場合には、限りなく0.5に近い値になります。

なお、横弾性係数Gとヤング率Eの関係は、すべての方向に対して物性が同じと考えられる等方性材料の場合には、ポアソン比を用いて以下の関係式で表すことができます。

$$G = \frac{E}{2(1+\nu)}$$

2.3　多軸場における応力

ここまで示してきたのは、単軸の応力と歪みです。
2次元の場合、垂直応力とせん断応力の関係は以下のようになります。

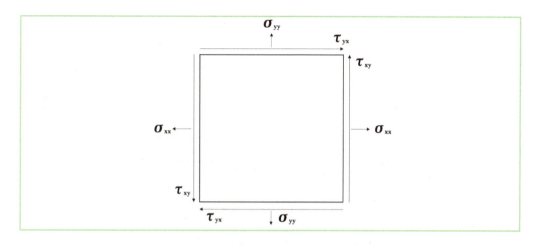

また、3次元の場合には以下のようになります。

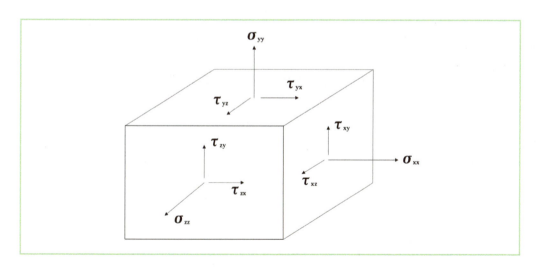

このような3次元での応力は以下のような形で表現され、Fusion360でも各コンポーネントを確認することができます。

$$\sigma = \begin{pmatrix} \sigma_{xx} & \tau_{xy} & \tau_{xz} \\ \tau_{yx} & \sigma_{yy} & \tau_{yz} \\ \tau_{zx} & \tau_{zy} & \sigma_{zz} \end{pmatrix}$$

2.4　曲げ応力と断面2次モーメント、断面係数

　解析を行う際に曲げ荷重への対応が求められることは少なくありません。曲げ荷重に対する具体的な方法はレッスン5で考えてみますが、ここでは基本的な曲げ荷重によって発生する応力やたわみ、その結果に大きく作用する断面2次モーメントや断面係数について解説します。

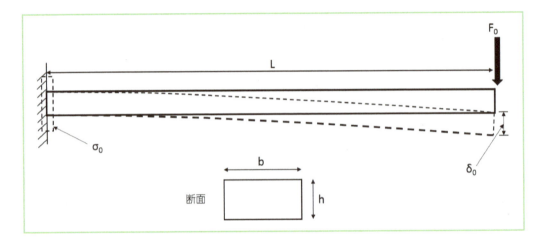

　上記のような片持ち梁を考えてみます。
　なお、曲げ応力に関する詳しい説明は、材料力学の本などを参考にしてください。ここでは、これから解析を進めていくうえで必要な情報のみ説明していきます。
　ある荷重 F_0 が片持ち梁の先端にかかったときの最大のたわみ量 δ_0 は以下のようになります。

$$\delta_0 = \frac{F_0 L^3}{3EI}$$

　また、固定してある根本部分に発生する最大の応力は、以下の式で示されます。

$$\sigma_0 = \frac{F_0 L}{I/(\frac{h}{2})} = \frac{M}{Z}$$

表に代表的な形状の断面係数と断面２次モーメントを以下に示します。
詳しくは、各種材料力学関連の専門書をご参照ください。

形状	断面２次モーメント（I）	断面係数（Z）
長方形（幅 b、高さ h）	$\dfrac{bh^3}{12}$	$\dfrac{bh^2}{6}$
三角形（底辺 b、高さ h）	$\dfrac{bh^3}{36}$	$\dfrac{bh^3}{24}$
円（直径 d）	$\dfrac{\pi d^4}{64}$	$\dfrac{\pi d^3}{32}$
中空円（外径 D、内径 d）	$\dfrac{\pi(D^4-d^4)}{64}$	$\dfrac{\pi(D^4-d^4)}{32D}$
I形（B, H, b, h）	$\dfrac{1}{12}(BH^3-bh^3)$	$\dfrac{(BH^3-bh^3)}{6H}$

▶ 2.5 ミーゼス相当応力と主応力

　ここまで、応力の各成分を見てきましたが、ここからは実際の解析で破壊などの評価によく用いられる2つの応力について説明していきます。

主応力

　一般的な応力場では、物体の荷重がかかったとき、垂直応力σとせん断応力τが混在した状態になっています。それを、ある角度回転させると、せん断応力がゼロになりすべての応力成分が垂直応力のみになります。このときの垂直応力の各成分が主応力になります。

　3次元の物体の場合には、それぞれσ_1、σ_2、σ_3と表現され、最大、中間、最小を意味します。また、主応力は方向を持っているので、引張りか圧縮かを確認することができます。

　なお、これらはあくまでも絶対値の比較なので、すべてが引張りの場合には全部プラスになりますし、すべてが圧縮の場合には、最大値であってもマイナスになることがあります。

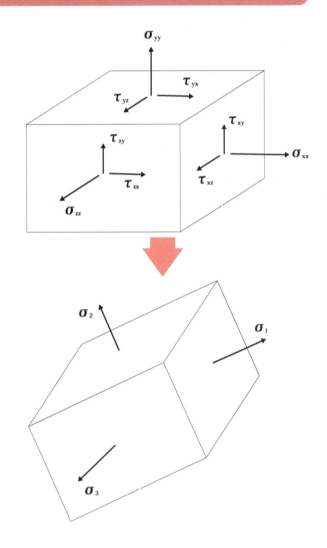

主応力は鋳鉄のような脆性材料の評価によく使用されます。鋳鉄は、アルミやスチールなどと違って、塑性変形せずに突然破壊されます。また、圧縮強度のほうが引張り強度よりも強く、ねじり強度はほぼ同じとされています。そのため、部材の強度が、パーツに発生した主応力の最大値に達したときに破壊すると考えるのです。このようなときには、最大の主応力の値とその方向を確認し、最大引張応力と比較して破壊するかどうかを確認します。最大の主応力とその向きを見ることで、いつ破壊するのか、どの方向に破断するのかなどを予測することができます。

ミーゼス応力

　ミーゼス応力は、Richard von Mises が発見したことにちなんでいますが、簡単に言うと、応力のテンソルをある式を用いて一つの値で表現したものになります。

　これまで見てきたように、3次元の解析においてはさまざまな応力の成分があります。これらをすべて使用して評価することはあまり現実的ではありません。そこで、応力を一つの相当値で評価することが一般的に行われています。これらの相当値には、ミーゼスやトレスカなどが存在しますが、一般にアルミやスチールといったもっともよく使用される延性材料には、ミーゼスの相当応力値が用いられます。後述するように延性金属では、歪みがある値になると、降伏といって材料が塑性し永久変形します。さらに、歪みが大きくなるとあるタイミングで破断します。

　延性材料ではミーゼスの相当応力値を使用すると、材料の挙動を比較的精度良く得られることから、構造解析ではよく使用されます。Fusion360 のシミュレーション機能でも、ミーゼスによる降伏応力値がデフォルトの判断基準になっています。

　ミーゼスの応力値は以下の式で求めることができます。

$$\sigma_{vm} = \sqrt{\frac{1}{2}\{(\sigma_{xx}-\sigma_{yy})^2+(\sigma_{yy}-\sigma_{zz})^2+(\sigma_{zz}-\sigma_{xx})^2+3(\tau_{xy}^2+\tau_{xz}^2+\tau_{yx}^2+\tau_{yz}^2+\tau_{zx}^2+\tau_{zy}^2)\}}$$

また、前述の主応力を使っても以下のような式で表現することができます。

$$\sigma_{vm} = \sqrt{\frac{1}{2}\{(\sigma_1-\sigma_2)^2+(\sigma_2-\sigma_3)^2+(\sigma_3-\sigma_1)^2\}}$$

　なお、前述の式を見てわかる通り、ミーゼス応力値は必ずプラスの値になります。したがって、数値の大きさはわかっても、問題となる部分が引張られているのか、それとも圧縮されているのかは、ミーゼスの応力値のみでは判断がつかないので注意が必要です。

2.6　応力と歪みの関係

　応力と歪みの関係は、材料の特性によっていくつかのパターンがあります。一般的によく用いられるのが、アルミやスチール、合金鋼など延性の金属や鋳鉄のような脆性の材料、また最近ではエラストマなどの超弾性の材料です。なお線形応力解析では、形状非線形性、材料非線形性ともに扱わないので超弾性体の説明は割愛します。

弾性域と塑性域

　一般的に使用する金属などの材料の挙動には弾性域と塑性域があります。弾性域とは、応力と歪みが線形の比例関係にあって、荷重によって材料が変形しても除荷すれば元の形に戻ります。ところが、延性材料の場合には、歪みがある大きさになると線形の比例関係は崩れて材料が永久的な変形を始めます。このポイントを降伏点と呼びます。降伏点を過ぎるともはや形が元に戻ることはなく変形したままになってしまいます。脆性材料の場合には降伏点がなく、いきなり破断してしまいます。

　実際の材料はもっと複雑な挙動をしますが、解析ソフトにおいては一般的に下記のような簡略化したモデルで考えますが、十分な解析の精度はあります。

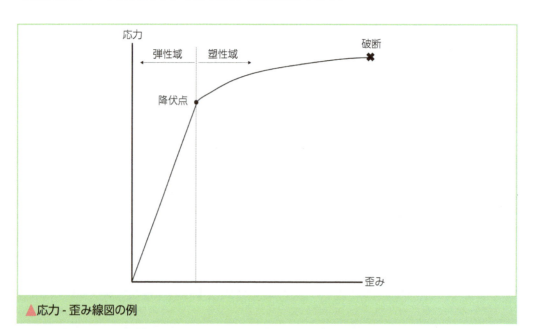

▲応力 - 歪み線図の例

　線形の応力解析で用いるのは、この中でも弾性域での直線の傾きと降伏点です。弾性域の傾きは、ヤング率 E で表現されます。

　もう少し、個別の材料の挙動を確認していきます。

延性材料

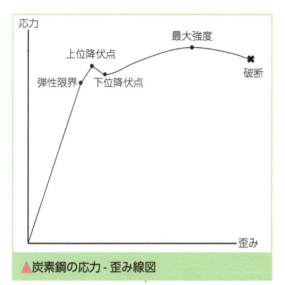
▲炭素鋼の応力-歪み線図

合金鋼などのような鉄をベースとした延性材料の場合には、応力と歪みがゼロの状態から直線的な線形の関係で降伏点に向かいます。厳密に言うと、弾性限界は降伏点の少し手前にあり、その後に降伏点に至って塑性します。しかし、一般に解析ソフトにおいては、歪みゼロの状態から降伏点までは直線的に、すなわちヤング率をもって降伏点までの挙動を計算します。

塑性した後は、歪みが大きくなっても応力は弾性域のようには変化せず、そのまま変形を続けて最後には破断します。この状態になると機械的な強度を期待することはできませんが、プレス成形など、金属を変形させて加工する場合には、塑性を利用します。

脆性材料

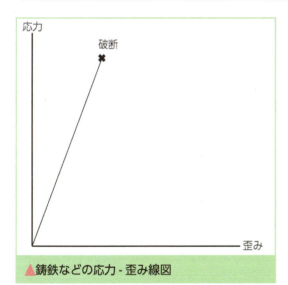
▲鋳鉄などの応力-歪み線図

脆性材料は、歪みがある量に達すると突然破断してしまいます。

このため、構造解析を行う際にも破壊の判断基準をよく考える必要があります。金属でも鋳鉄や、樹脂でもアクリル等、脆性の材料の場合、Fusion360の安全率の判断基準には、降伏強度ではなくて、最大引張強度を用います。この場合には、引張側の最大の応力を求める必要があるため、引張りと圧縮の判断がつかないミーゼスの相当応力ではなく、主応力を用いて判断します。また、主応力には方向性があるため、どの方向に破断するかなどの予測もある程度可能です。

非鉄金属

アルミニウムなどをはじめとする非鉄金属の場合の応力と歪みの関係は、完全に線形で応力と歪みが比例する関係がなく、厳密な降伏点もはっきりとしません。

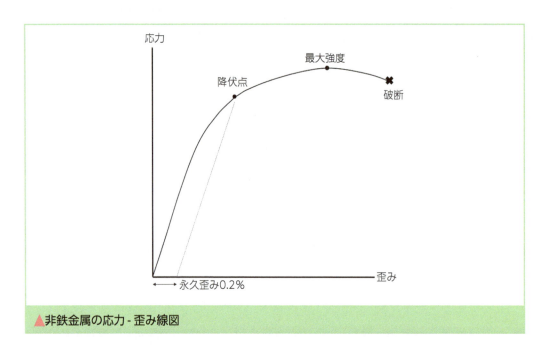

▲非鉄金属の応力 - 歪み線図

そのため、除荷したときに残った永久歪みが 0.2％ に達したときを降伏点として考えます。Fusion360 の材料物性の詳細を確認したときに表示されている降伏強度は、この 0.2％ の永久歪みが発生するときの降伏強度ということになります。

樹脂などの材料

最近では ABS や PP、PC、POM など多種多様なプラスチックを使った製品が増えています。そのため、プラスチックの物性についても知っておく必要がありますが、一般的にはここまでに説明した金属の材料の特徴に準じると考えてよいでしょう。

例えば、アクリルなどの樹脂の場合、引張弾性率は高いですが、引張強度はそれほど強くはなく、伸びの量はあまりなく、簡単に割れてしまったり砕けてしまったりします。つまり「硬くて脆い」と考えられます。そのため、金属でいえば鋳鉄のような挙動と考えればよいでしょう。

ABS や PC などの樹脂は、引張弾性率が高く、さらに引張強度があり、伸びの量も大きいのが特徴です。したがって、靭性がある鋼のような挙動をすると考えればよいでしょう。樹脂も金属と同様に弾性域がある材料なので金属同様に解析ができます。

2.7 材料力学とCAEとの関係

レッスン1では、有限要素法について要素とバネの関係を述べました。要素の一つひとつをバネとして考えれば、荷重と変位の関係は、F = kx という比較的単純な関係式で表現することができ、それらを合成することで複雑な形状の変形などもわかるのです。しかし、実際の構造解析で求めるのは、変形だけではありません。応力や歪みなどを求める必要があります。実は、有限要素法の解析プログラムでは、以下のようないくつかの式を組み合わせて解を求めています。なお、以下に示す各マトリックスを詳細に説明するにはかなりの紙面が必要となりますのでここでは省略します。ご興味のある方は、有限要素法に関する理論を書いた書籍が多く出ていますので、そちらをご参照ください。

1）荷重と変位の関係を表す式　　　　　　$\{F\} = [K]\{\delta\}$

ここで、Fは荷重、δは変位、[K] は一般にKマトリックスと呼ばれるもので、材料物性によって決まり、この後で説明するBマトリックスとDマトリックスで求めることができます。

2）変位と歪みの関係を表す式　　　　　　$\{\varepsilon\} = [B]\{\delta\}$

ここで、εは歪み、δが変位、BはBマトリックスと呼ばれるもので、変位と歪みの関係を表すのに使用するマトリックスです。

3）応力と歪みの関係を表す式　　　　　　$\{\sigma\} = [D]\{\varepsilon\}$

ここでσは応力、εが歪み、DがDマトリックスと呼ばれる応力と歪みの関係を表すのに使用するマトリックスです。

途中の経過は省略しますが、KマトリックスとBマトリックス、Dマトリックスの関係は以下のようになります。

$$[K] = \int_V [B]^T [D][V] dV$$

実際に問題を解くにはさらに、外力の仕事の釣り合いを考える必要があるため、以下の式も同時に使用されます。

$$\int_V (1/2)\, \sigma \epsilon\, dV = (1/2) K X^2$$

解析プログラムの中では実は、このような式を解いているのです。

レッスン1で示したプリポストとソルバーの関係をこれらの情報を元に更新すると次のようなものになります。

このことから、解析プログラムが解いているのは材料力学の問題であることがわかります。

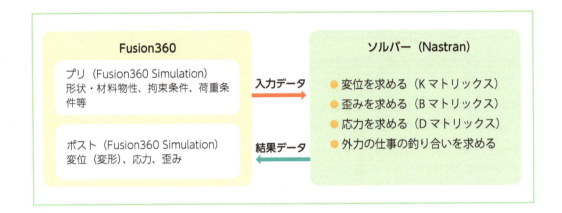

最後に材料力学とは直接関係がありませんが、応力の分布などを確認する有効な手段であるコンター図の見方について確認したいと思います。

 2.8　コンター図の見方と設計への反映

解析を実行したら、その結果は「コンター図」で視覚的に確認することが一般的です。コンターとは、英語の「contour」のことで、言ってみれば等高線です。特に応力を確認する際には、この等高線を見ることで、どこの応力が高いのか、極端に応力集中しているところがないかの判断の基準になります。

さて、具体的にはこのコンター図をどのように見て、どのように設計しているパーツの形状に反映させたらよいのでしょうか？　先程、コンター図とは等高線であると言いました。地図で等高線を見てみれば、なだらかな平地であれば、海抜そのものの高さが高かったとしても、その平地の中には等高線はあまり見当たらず、間隔が開いています。逆に急峻な山であれば、等高線は非常に詰まっています。天気図なども同様で、高気圧や低気圧の中心付近は等圧線の間隔が非常に詰まっていますが、その間のあまり気圧に変化のない場所は間隔が開いています。応力のコンター図もそのように考えてよいのです。

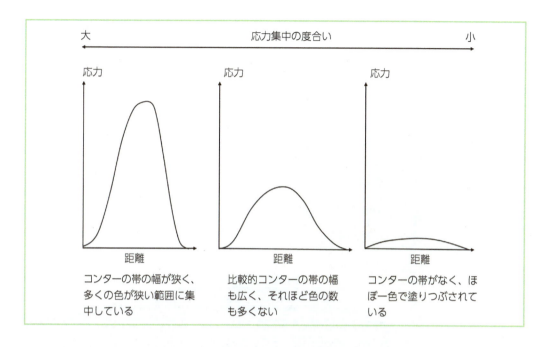

応力集中で気にしなくてはいけないのは、応力の絶対値そのものが大事であるとともに、極端に狭い一点に応力が集中しているのは、そこが破壊のポイントになりえますので、形状の改善のポイントにもなりえます。

レッスン5で具体的な応力集中の緩和のやり方を扱いますが、ここでは簡単に応力集中、すなわち、コンターの帯が狭い状態と、広い状態の例を示します。

右のようなL字型の板を考えます。底面を完全に固定して、縦の板の上端に図のように左方向に荷重を与えます。

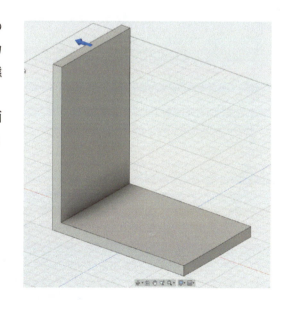

曲げ応力が発生する縦の板の下部、根本付近に応力が集中しています。赤い部分が高い応力の部分ですが、極めて狭い範囲に赤い色が集中していることがわかります。近傍の応力をプローブしていくと少し動くだけで応力が大きく変化します。また、縦の板は根本付近から上に向かっ

てなだらかに応力が変化していますが、根本から横の板は短い範囲内で極端に応力が低くなっています。横の平らな板のほとんどは濃い青色一色で応力に変化がないことがわかります。

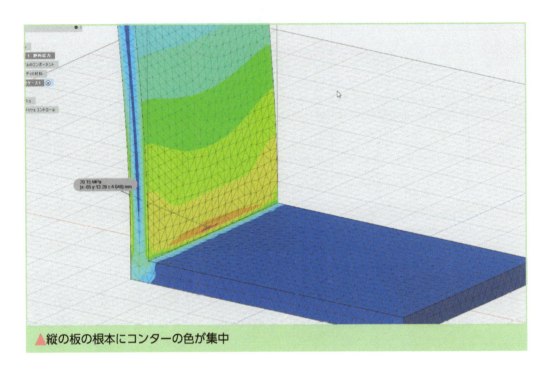

▲縦の板の根本にコンターの色が集中

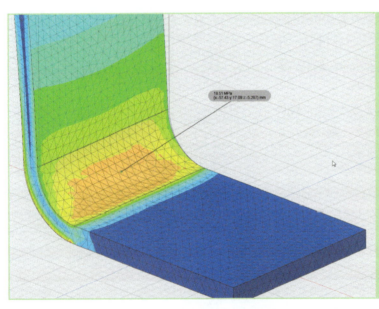

◀L字型の角に丸いフィレットかけて、同様の拘束条件と荷重条件を与えます。直進の場合とは違い極端に応力の集中する狭い範囲がなくなり、なだらかな丘のようにコンターの様子が変化していることがわかります。応力の絶対値とともに応力の分布をなだらかにしてみるという視点で、コンター図を使うことができます。

Fusion360で学ぶ
解析プロセス

Fusion360で学ぶ解析プロセス

このレッスンから、実際にFusion360を使用したときのシミュレーションの流れや、必要な条件の定義方法を説明していきます。なお、Fusion360のモデリング操作については、すでにできるという前提で説明を進めます。

3.1 Fusion360のシミュレーションについて

Fusion360のシミュレーションには、異なる種類の解析機能（スタディ）が用意されています。そのうちの半分はFusion360のStandard版で使用することができるものです。より高度なシミュレーション機能を使用するためには、上位版であるUltimate版が必要です。本書ではStandard版のスタディのみを扱います。

Fusion360で、2017年6月現在用意しているシミュレーションのスタディの種類は以下の通りです。シミュレーション環境に入る際に、まず、これらのスタディのいずれかを選ぶ必要があります。

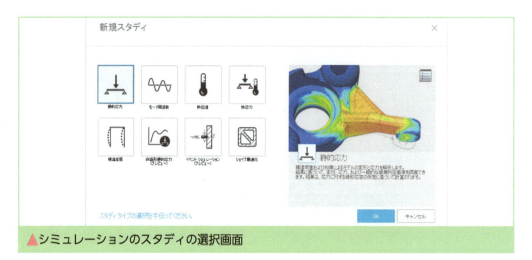

▲シミュレーションのスタディの選択画面

Standard版で使用できるスタディ

Fusion360のStandard版で用意されているスタディは以下の4種類です。いずれも線形解析です。

● 静的応力

　静的応力解析とは、荷重や強制変位などによる外力が時間に依存せず一定の力でかかっていることを想定する問題（静的）で、応力と歪みの関係も剛性マトリックスを介して線形に比例する状況下での応力等を計算します。このような関係が成立する問題は、現実世界の挙動の表現としては、限定された状況ですが、設計に関する問題の多くは、静的応力解析で対応することができます。

　また設計過程での解析では、部品には極端な変形が生じたり、塑性（永久変形）してしまうような荷重がかかることは想定せず、むしろそのような荷重がかかって塑性が生じたり、パーツが破壊されてしまうような状況を避け、基本的には線形の可逆的な挙動内にパーツが収まるように設計します。そのため、設計者のための CAE という観点からは、線形のシミュレーションを行う静的応力解析で多くの問題に対処することができます。

● モード周波数

　すべての物体は、自分自身の固有の周波数を持っています。外部から与えられる振動の周波数が、その物体（パーツ）の固有の周波数と一致してしまうと、振動の振幅が拡大されて最終的には破壊される可能性もあります。そのような状況を避けるため、モード周波数を求める固有値解析を行うことがあります。この解析では、周波数とそのモード形状を求めるとともに、遠心力をはじめとする荷重がかかった状態での応力なども考慮することができます。

● 熱伝達

　物体中の、熱の伝わり方を解析します。解析結果としては温度分布や熱流束が求められます。世の中の多くの工業製品には、電源をはじめとして発熱する熱源があることが普通です。その熱源から熱によって、変形をはじめとして、パーツにさまざまな影響を与えることは珍しくありません。どのように熱源から熱が伝わるのかを解析するのが、この熱伝達解析の機能です。なお、この熱伝達の機能では、温度分布が時間依存で変化しない定常解析を扱います。

● 熱応力

　温度変化によって、物体は膨張したり収縮したりします。そのために変位が発生し、結果として応力も発生します。Fusion360 の熱応力解析では、このような熱による応力解析と同時に、構造荷重も扱うことができます。熱による応力は、あらかじめ設定した無応力時の基準温度から定義された熱源によって上昇（または下降）した温度差と物質固有の線膨張係数をかけわせて計算されます。

Ultimate 版で使用できるスタディ

　以下に示す解析は、Ultimate 版で使用できる機能で、非線形性を伴った高度な解析が可能です。

● 構造座屈

　棒や缶、円筒のような形状に対して圧縮するような荷重をかけた場合、ある荷重値を超えたときに、崩れるように折れ曲がります。このような挙動を座屈と言います。例えば、大きな荷重を支える台の脚や、エンジンのピストンのコネクティングロッドなど細長くて圧縮の力がかかるようなケースでは問題となりえます。そのようなケースを避けるために座屈荷重と座屈モードを計算します。

● 非線形静的応力

　物体によっては壊れることなく大きく変形することがあります。例えば、非常に柔軟性のある板などです。このようなケースでは、変形によって剛性マトリックス自体が変わっていきます。そのため、このような剛性マトリックスの変化を計算に入れないと正確な挙動を求めることができなくなります。そのような非線形性を考慮に入れた計算が可能です。非線形性には、材料自体が持つ非線形性があります。例えば、塑性した後の金属の非線形性や、弾性体でもゴムのような超弾性体です。そのような非線形性を持つ材料を扱う場合にも、非線形静的応力解析で計算します。なお、このスタディでは、時間に依存する動的な解析は、この解析では扱いません。

● イベントシミュレーション

　一般的には、動解析と呼ばれるタイプの解析で、時間に依存する荷重が載荷されたときの物体の挙動を解析します。典型的な例としては衝突などです。初期速度や、落下する物体などを考慮して、時間ごとの変位や応力、歪みなどを計算することができます。一般に衝撃に対する変形は大きくなることも普通ですが、イベントシミュレーションにおいても非線形性を考慮することができます。前述の非線形静的応力解析と共通することですが、解を求めるために収束計算が行われます。

● シェイプ最適化

　シェイプ最適化の解析機能は、一般的に言われる構造解析機能とは異なるタイプの解析です。通常の解析では、設計したパーツに荷重をかけて想定した応力分布になっているかなどを確認し、設計に反映させますが、シェイプ最適化では、設計したパーツに荷重をかけて求められる応力をベースにして、応力のかからない領域の肉抜きを行うことで、そのパーツの軽量化を図ります。したがって、設計者がより最適な設計を行うための補助機能とも言えます。

3.2 Fusion360による解析のユーザーインターフェイス

　Fusion360 のシミュレーションのユーザーインターフェイスは、シンプルで、基本的な見た目は、モデリングのユーザーインターフェイスと似ています。また、一般的な解析専用のソフトウェアとは異なり、要素や節点を直接操作することなく、CAD で作成したジオメトリ上ですべての設定の操作を行うことができるのも、設計者にとって使いやすいポイントといえるでしょう。

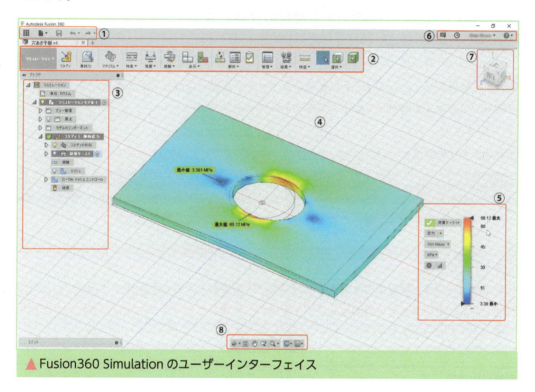

▲ Fusion360 Simulation のユーザーインターフェイス

① **アプリケーションバー**：新規ファイルの作成、ファイルの保存などのファイルに関する操作を行います。モデリングと共通です。

② **ツールバー**：ワークスペース（モデリング、シミュレーションなど）の切り替えと、シミュレーションを行うためのメニューです。ここの中身が、モデリングとの大きな違いです。

③ **ブラウザ**：シミュレーションで定義する材料物性や拘束条件、荷重条件、接触条件やメッシュ、あるいは解析結果などシミュレーションに必要な項目や作成された情報などにアプローチできます。ここの中身も、モデリングの環境との大きな違いです。

④ **グラフィックス領域**：解析する対象のモデルが表示され、ここでジオメトリに対して必要な条件を定義していきます。解析結果もここに表示されます。

⑤ **解析結果の選択メニュー**：表示したい解析結果の選択や凡例の表示非表示等の設定を行います。

⑥**プロフィール / ヘルプ**：アカウントの設定やヘルプ、チュートリアルへのアクセスができます。
⑦**ビューキューブ**：正面や平面、斜めなど視点を変更できるほか、これを見ることで自分の視点も確認できます。
⑧**ナビゲーションバー / ディスプレイ設定**：ズーム、回転、パンなどの自在な視点移動や、シェーディング、ワイヤフレームなどのモデルの表示設定を行うことができます。

メニューの多くは、モデリングと共通なので、Fusion360 のモデリングに慣れている人であれば、シミュレーションに特化したメニューを除き、特に操作に迷うことはないと思います。

3.3 Fusion360による解析のプロセス

この節では、静的応力解析を例に、Fusion360 による解析の流れを説明していきます。意味のある解析を行うためには、それぞれのステップを正確に理解しておく必要があります。
Fusion360 による解析は、以下の手順で行っていきます。

①ジオメトリの作成
解析を行うためのジオメトリを作成します。Fusion360 のモデル環境で作成するか、またはほかの CAD で作成した形状をインポートして使用することも可能です。なお、Fusion360 では、テトラ要素を使って解析するのでソリッドモデルである必要があります。

②スタディの作成
シミュレーション環境に切り替えると、スタディの選択をする画面が表示されます。ここで目的の解析結果を得るのに適切なスタディを選択、作成します。スタディは必要に応じて追加していくことができます。

③材料の選定
解析する形状に対して、材料物性を与えます。最低でもヤング率とポアソン比が必要です。安全率等の計算には降伏応力や最大引張応力なども必要です。標準的な材料であれば、Fusion360 で用意してある材料ライブラリから選択することができます。

④拘束の適用
解析モデルは、そのままでは何も摩擦のない、宇宙空間のような場所に置かれたような状態で、荷重かかかると変形することもなく飛んでいってしまうような状態になります（剛体運動）。これでは解析ができないので物体を固定します。最低でも X、Y、Z の各方向に留めておく必要があります。また、並進成分を留めていても留め方によっては剛体回転を起こすので、起こさないように留める必要があります。ただし、状況によっては、どうしても難しい場合がある

ので、その場合には剛体モード除去のオプションを設定で使うことができます。

⑤荷重の適用

　物体に対する荷重を定義します。荷重のタイプは集中荷重や圧力、重力、また熱解析であれば、熱源などが荷重にあたります。なお、荷重ではなくて強制変位を与えて解析することもありますが、解析を実行するためには最低一つの荷重または強制変位が必要です。

⑥メッシュ作成

　解析のためのジオメトリを有限要素メッシュに分割します。必要に応じてメッシュ分割のみを実行することができますが、Fusion360では、解析の実行を指示すると、ソルバーにデータを投入する前に自動的にメッシュ分割を行うため、ユーザー側で明示的にメッシュ作成を行わなくても解析を進めることができます。

⑦スタディの実行

　作成が完了した解析用のデータをソルバーに投入します。Fusion360では、ローカルソルバーかクラウドソルバーかを選択することができます。なお、本書においては、ローカルソルバーを使用することを想定していますが、使用するパソコンのパワーなどで難しい場合には、クラウドソルバーを使用してもかまいません。

⑧解析結果の表示

　解析が正常終了すると自動的に結果が表示されます。デフォルトでは安全率のプロットが表示されますが、必要に応じて応力や歪みなどを切り替えて確認します。

⑨設計への反映

　解析結果を確認して何か修正するべきことがあれば、モデル環境に戻ってパーツの形状を修正します。

3.4　例題を用いたプロセスの練習

　最初の例題では、Fusion360での解析プロセスを覚えるために、板の片方の端面を固定し、反対側に下向きの荷重をかける片持ち梁のようなモデルで解析を行います。非常に単純なモデルですが、構造解析において最も多用される静的応力解析の主要な機能を学ぶことができます。

①ジオメトリの作成

　まず、解析の対象となるジオメトリをモデル環境で作成します。ここでは、断面が 50mm ×5mm で長さが 300mm の板を作成します。

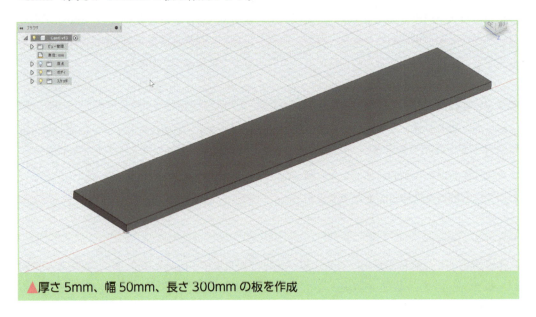

▲厚さ 5mm、幅 50mm、長さ 300mm の板を作成

②スタディの設定

　形状ができたら、解析のためのスタディの設定を行います。シミュレーションを行うには、「モデル」環境から「シミュレーション」環境へ切り替えます。

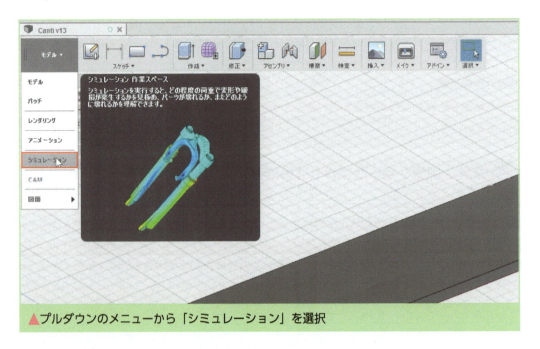

▲プルダウンのメニューから「シミュレーション」を選択

シミュレーションを選択すると、シミュレーションの環境に入る前にスタディの種類を選択する画面が表示されます。ここでは、左上に表示されている「静的応力」を選択して、「OK」をクリックします。

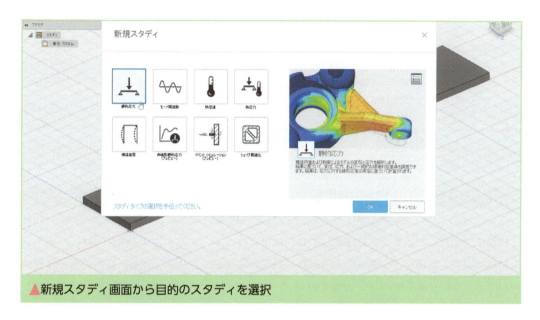

▲新規スタディ画面から目的のスタディを選択

③材料の設定

シミュレーションの環境に入ったら、解析に必要な設定をしていきますが、基本的にはメニューの左から右へ進むと必要な設定ができるようになっています。形状の単純化を考えなければ、スタディの次のメニューは、「材料」ですので、材料の設定を行います。

マテリアルのメニューの下向きの三角形をクリックすると、プルダウンでメニューが表示されます。選択した物体の材料物性を設定するには、「スタディ」の材料をクリックします。なお、これらのメニューの内容は以下の通りになります。

メニュー名	定義
スタディの材料	選択したパーツにスタディで使う材料物性を与えます。
材料特性	選択した任意の材料の材料物性を表示、確認することができます。なお、「スタディの材料」でもプロパティをクリックすることで同じ情報を表示可能です。
物理材料を管理	材料ライブラリを管理するメニューです。よく使うものをお気に入りに入れたり、定義を変更したり、新規材料を定義できます。
スタディ材料の色を表示	オフにすると材料固有の色が表示されず、モデルで設定済みのものと同じものが表示されます。

▲アルミニウム　2014-T4 の材料特性

　解析では選択したスタディに適切な項目が使用されます。このメニューを使えば、パーツへの材料の定義と関係なく、興味のある材料の物性の確認ができます。なお、応力解析ではどの解析でも、ヤング率とポアソン比は必須です。

▲マテリアルブラウザ

　このブラウザで、Fusion360 で使用できるさまざまな材料の管理を行うことができます。

58

▲選択したパーツへの材料物性の定義には、「スタディの材料」コマンドをクリック

④拘束条件の設定

　物体の形と材料物性が決まったら、次に解析に必要な拘束条件を与えます。この拘束条件が不適切だと、解析自体が実行できなかったり、不適切な解析結果の原因になります。

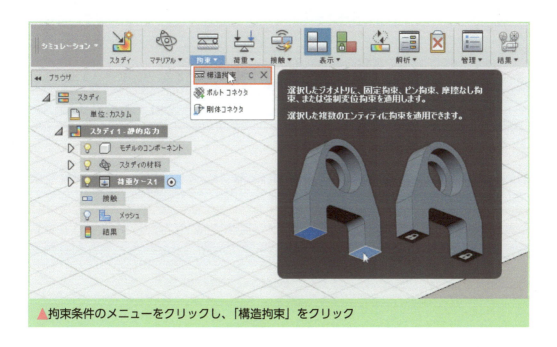

▲拘束条件のメニューをクリックし、「構造拘束」をクリック

なお、2つのコネクタ拘束であるボルトコネクタと剛体コネクタについては、Ultimate版でのみ使用が可能な拘束条件であるため、この節での説明は割愛します。

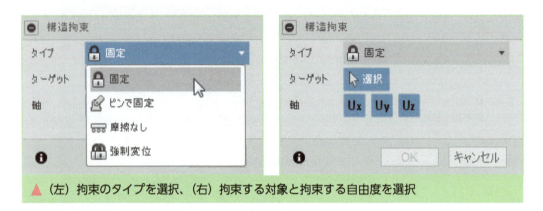

▲（左）拘束のタイプを選択、（右）拘束する対象と拘束する自由度を選択

拘束条件のメニューの「構造拘束」をクリックすると上記のようなメニューが表示されます。まず、構造拘束のタイプを選択します。Fusion360で定義できる拘束のタイプは以下の通りです。

拘束タイプ	定義
固定	指定した対象を指定した自由度の方向に動かないように位置を拘束し、動かないようにします。デフォルトでは、3自由度すべてに拘束がかかりますが、チェックを外すことで任意の自由度のみを拘束することができます。
ピンで固定	円柱面に対して使用できるタイプの拘束条件です。縦横高さではなく、半径方向、軸方向、接線方向での拘束を行います。
摩擦なし	摩擦なしは、いわばローラーのような拘束条件で、面の鉛直方向での固定はされますが、面と平行には摩擦なしに動きます。回転軸のような場合には、軸方向と回転方向には自由にスライドしますが、半径方向は固定されます。
強制変位	固定は、形状が定義された位置から動かないように固定しますが、強制変位では、任意の自由度に任意の距離だけ強制的に動かしてその位置に拘束する固定の条件です。

今回の例題では、固定の拘束条件を使用し、全自由度を固定します。

固定する面は、正面から見て左側の端面です。選択中の面は青い色でハイライトされます。なお、拘束対象として選択が可能なのは、面だけでなく、ソリッドのエッジや頂点を選択することもできます。

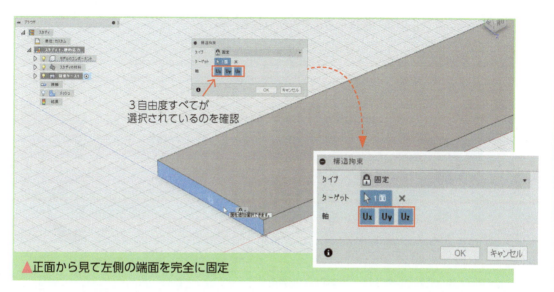

▲正面から見て左側の端面を完全に固定

　拘束条件を定義する際には、物体として必ず3自由度のすべてを拘束して剛体運動が起きないようにする必要があります。また、物体全体がすべての並進方向の剛体運動ができないようにするだけではなく、回転しないようにする必要があります。一見、すべての方向を拘束していても、実は物体が剛体回転をしてしまう場合があります。

　今回の事例の端面の拘束を例に考えてみます。

充分な拘束

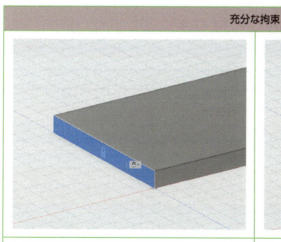

1つの面が完全に拘束されている場合（今回の事例のケース）。
面全体が3自由度拘束され、かつ物体自体が回転できる条件もないのでOK。

面の上下のエッジを完全に拘束している例。
すべての並進自由度が止まっているほか、剛体回転も起きない。メッシュの状況によっては面の拘束と異なる解析結果になることはあります。

次に不十分な拘束条件の場合を考えてみたいと思います。

不十分な拘束

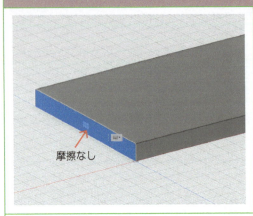

面全体が拘束はされていますが、摩擦なしの拘束条件のため面の鉛直方向にしか拘束ありません。そのため面に沿って自由に動くことができるため剛体運動が起こります。この面を摩擦なしにする必要がある場合には、ほかの面の拘束も必要です。

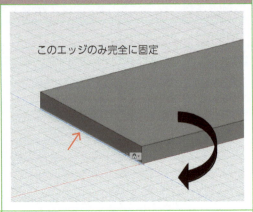

下のエッジのみを固定拘束した例です。この場合だと並進自由度は完全に拘束されていますが、選択した青いエッジを軸にしてぐるぐる回ることができるので剛体回転してしまします。

ただし、解析の条件によっては、どうしてもフリーにしなければならない自由度がある場合があります。そのような場合には、【管理】→【設定】メニューから設定のダイアログを表示します。【一般】の設定に「剛体モードを解除」がありますので、これにチェックを入れます。そうすることで、解析の実行が可能になります。ただし、むやみに設定をしないことをお勧めします。あくまでも本当に必要なときだけにしてください。

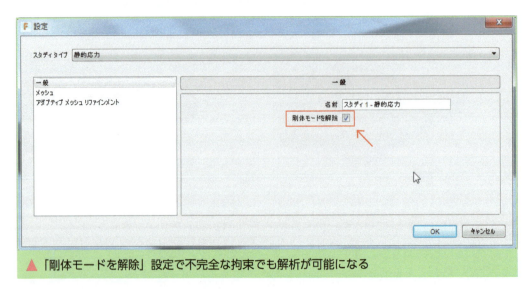

▲「剛体モードを解除」設定で不完全な拘束でも解析が可能になる

⑤荷重条件の設定

単パーツの解析モデル作成プロセスの最後が、荷重条件の設定です。荷重を定義するにはメニューから、【荷重】で任意の荷重タイプを選択しますが、まず選択するのが【構造荷重】です。熱などが考慮される場合には、熱応力解析を行う必要があるので、静的応力には含まれていません。

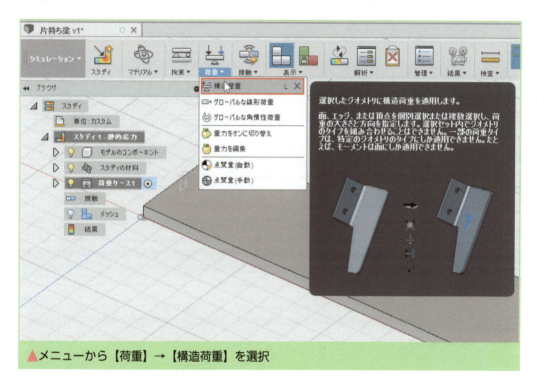

▲メニューから【荷重】→【構造荷重】を選択

構造荷重にも、いくつかの種類があります。「力」は任意の大きさの荷重で、使う単位系によって単位は異なりますが、SIであればNになります。荷重はジオメトリの面、エッジ、頂点に与えることができます。

それ以外の構造荷重は以下のようになります。

構造荷重のタイプ	定義
力	指定した任意の大きさの力を任意のエンティティに載荷します。指定可能なエンティティは、ジオメトリの面、エッジ、頂点です。なお、複数のエンティティを指定できますが、その際にはその荷重を複数のエンティティに比例配分するのか、あるいはその力を各エンティティに定義するのかを選択します。力の方向は、面の場合、デフォルトでは面に垂直ですが、任意の方向に定義することもできます。単位はニュートン（N）など、使用する単位系の力の単位になります。
圧力	指定した面に対して、単位面積あたりの圧力を適用します。面に対して均等に適用され、その方向は面に対して垂直です。かかる荷重の大きさは面の面積によります。単位はパスカル（Pa）など、使用する単位系の圧力の単位になります。
モーメント	指定した任意の面に対して任意のモーメント荷重を載荷します。面は1つでも複数でも可能です。モーメントの軸は任意のものを定義することができます。単位は、N・mなど使用する単位系のモーメント荷重のものになります。
リモート荷重	指定した任意の面に荷重をかけますが、面とはオフセットされたモデル上にない空間にかけられた荷重の効果を計算します。力の方向は、通常の力同様に任意の方向が定義できます。またリモート荷重の場所についても任意の場所を定義することができます。
軸受荷重	いわゆるベアリング荷重で、軸受と軸の間に発生する力の効果を計算することができます。軸受とシャフトの関係を想定しているので、力の荷重と異なり、軸受荷重は常に面に向かって作用し、軸受の半分の面には荷重がかかっても、もう半分にはかかりません。荷重の分布は放物線になります。
静水圧	静止した液体の中にある物体にかかる圧力で、液面上をゼロとして深くなるにつれて線形に圧力が増加します。

　基本的には、構造荷重で多くの問題を解析することができますが、Fusion360 では、構造荷重以外にも、グローバル荷重、重力加速度、点荷重を定義することができます。グローバル荷重では、線形加速度、角速度、角加速度を定義できます。

　解析によっては、物体に作用する重力を考慮する必要がある場合があります。その場合には、重力加速度を適用することで、構造荷重と主に物体の重さも考慮に入れた解析を行うことができます。

　また、アセンブリは、CAD のジオメトリとして組んではいないものの、解析する物体に対して無視できない影響がある場合には、考慮したいという場合があるかもしれません。そのよ

うな場合には点質量を定義することで、単純化した形で解析対象とアセンブリされたほかの物体の影響を考慮に入れた解析を行うことができます。

ここでは「力」を使用します。まず荷重をかける面を指定します。デフォルトの設定ではその面に荷重が向くような方向に荷重がかかる設定になっています。

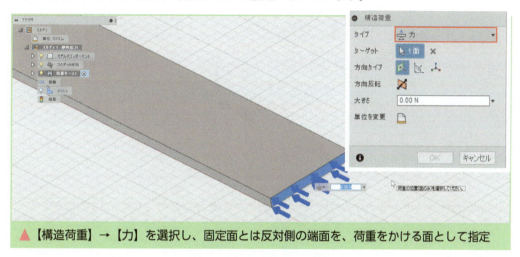

▲【構造荷重】→【力】を選択し、固定面とは反対側の端面を、荷重をかける面として指定

荷重がかかる方向は、任意の方向に設定することができます。一つはハンドルを表示してX、Y、Z軸、それぞれの軸回りに角度を指定して荷重がかかる方向を定義するとともに荷重の絶対値を定義します。または、それぞれの自由度に荷重のコンポーネントを定義することもできます。

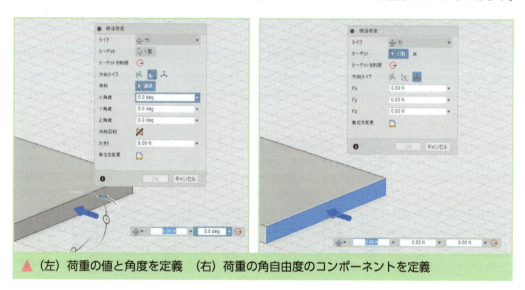

▲（左）荷重の値と角度を定義　（右）荷重の角自由度のコンポーネントを定義

基本的には、どちらの方法を使っても目的の荷重と方向が同じになれば良いので、使いやすい方を使えばよいでしょう。

今回は、荷重の各自由度のコンポーネントを定義することにしました。

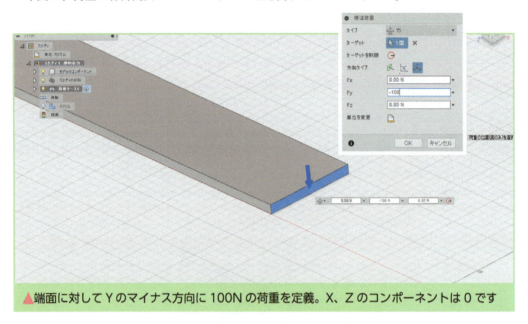

▲端面に対してYのマイナス方向に100Nの荷重を定義。X、Zのコンポーネントは0です

OKをクリックして荷重の定義が終了です。

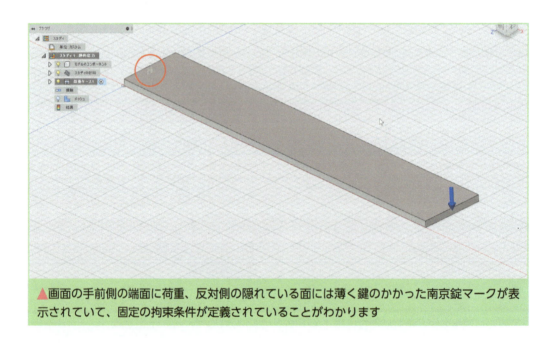

▲画面の手前側の端面に荷重、反対側の隠れている面には薄く鍵のかかった南京錠マークが表示されていて、固定の拘束条件が定義されていることがわかります

⑥解析モデルのチェック

　これで、解析に必要なすべての解析条件が整ったはずですが、Fusion360では、解析の実行前に、すべての必要な解析条件が整っているかどうかを確認する機能がついています。メニューの【解析】→【プリチェック】をクリックします。

▲プリチェックで解析モデルを実行前に事前確認

　プリチェックをかけると、何か問題があれば解決すべき問題と、その解決方法に対するヒントが表示されますが、特に問題がなければ「スタディのセットアップには、必要な情報がすべてあります」のメッセージが表示されますので、OKしてこのダイアログを閉じます。

⑦解析の実行

プリチェックで問題がなければ、解析を実行します。

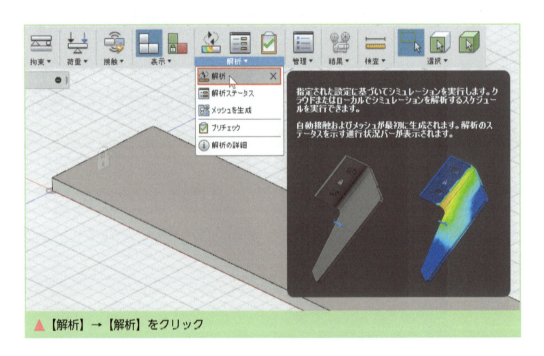

▲【解析】→【解析】をクリック

メニューから「解析」をクリックすると、解析実行のためのダイアログが表示されます。

▲ソルバーはクラウドとローカルのいずれかが選択可能。ここではローカルのソルバーを選択

▲ジョブステータスの画面で、解析の進行状況を確認

　「解析」をクリックすると、計算が始まります。計算の状況はジョブステータスの画面で確認することができます。なお、この例題はほとんど問題がないと思いますが、もし、パソコンの性能の都合で計算が極端に遅い等の問題があれば、クラウドソルバーで解析してみてください。ただし、クラウドソルバーを使うと商用での使用の場合にはクラウドクレジットが必要となりますので注意してください。

⑧解析結果の処理

解析結果は解析終了後に自動的に結果が表示されます。

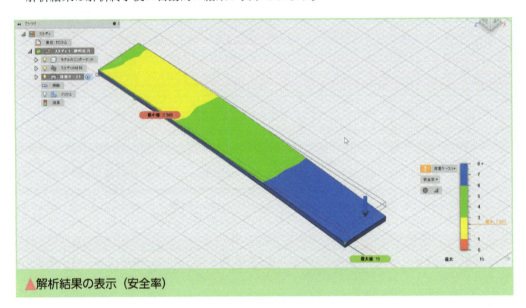

▲解析結果の表示（安全率）

連続して解析をしている場合には前回の確認項目と同じもの（例えば応力）などが表示されますが、最初の解析の結果は安全率になります。緑色で表示される部分が、低すぎず、高すぎず適正な安全率と考えられます。

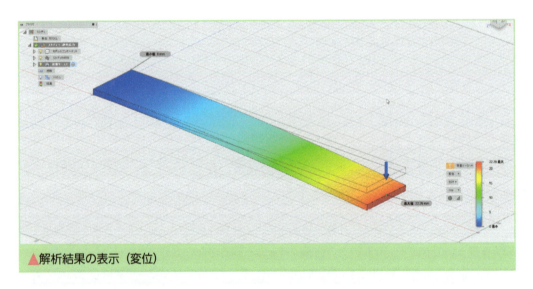

▲解析結果の表示（変位）

最初にデフォルトで表示されるのは安全率ですが、実は最初に確認したいのは「変位」です。特に変位の絶対値を確認してみましょう。荷重がかかった際に最初に求められるのが「変位」です。その変位から歪みが求められ、最終的に応力が計算されます。したがって、変位が求められる最初の未知数であり一番正確であると考えられます。非常識な変形をしていれば、条件

の設定が間違っていることが考えられるので、変位を確認してみましょう。

　変位、変形の状況が妥当であると考えられたら、応力を確認します。一般にアルミやスチール等の場合には、ミーゼスの相当応力値を確認しましょう。

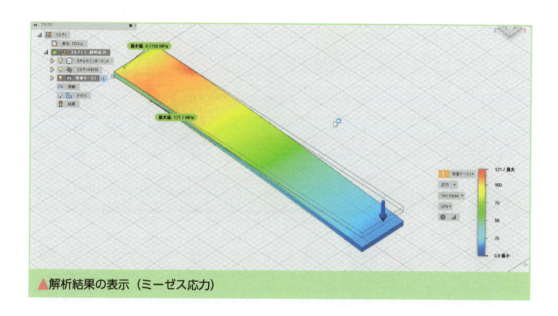

▲解析結果の表示（ミーゼス応力）

　ミーゼスの相当応力値を確認してみます。最大で 121.7 MPa の応力値が発生しています。この材料の降伏強度は、290MPa なのでこの状態で壊れることはありません。

⑨モデル形状の変更

　しかし、安全率をもう少し高めてみたいと思います。荷重がかかっている際に応力を下げるためには剛性を高める必要があります。ただし、材料を変えるのは現実的な選択ではないので断面2次モーメントを大きくします。一番単純なのは、ここでは厚みを大きくすることです。今回は単純に厚みを2倍の 10mm にして計算し直します。

⑩解析の再実行と検証

　手順は、最初の解析と同じです。解析モデルのジオメトリや解析条件が変更されている場合には、ブラウザの「結果」がハイライトされていて、現在表示されている解析結果がもはや最新でないことがわかるようになっています。

　再度、解析条件が揃っているかどうかをチェックしてから、解析を実行しましょう。

71

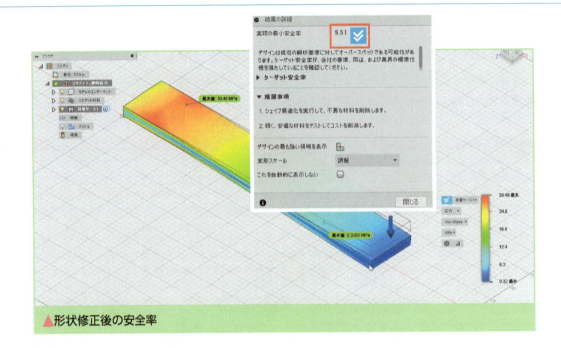

▲形状修正後の安全率

　先程出ていた黄色いビックリマークが消えて、青い二重のチェックマークが出ています。これは、想定する荷重に対して、この板が十分な強度を持っていることがわかります。しかし、結果の詳細に書いてある説明を見てみると、最小の安全率が9.51であり、安全すぎる、つまり想定する荷重に対してオーバースペックであることが想定されます。相当応力値も、290MPaの降伏応力に対して最大が30.48MPaとかなり小さな値です。

　安全なことは良いことなのですが、その一方で強く作りすぎると、材料代等コストがかさむほか、乗り物などでは、車体を重たくしすぎて大幅に燃費を悪化させたり、場合によっては設計通りのパフォーマンスを出したりすることは難しくなります。

　このように、解析結果の安全率や実際のミーゼスの相当応力値を確認しながら、パーツの形状の修正をしていきます。

スムーズ／帯状の表示状態の調整

　コンター図は、デフォルトのスムーズなグラディエーションのコンターではなく、数値の幅で一色にするバンドコンターを使用することができます。
　はっきりと数値の幅を意識して色分けしたい場合には、こちらのほうが良いでしょう。

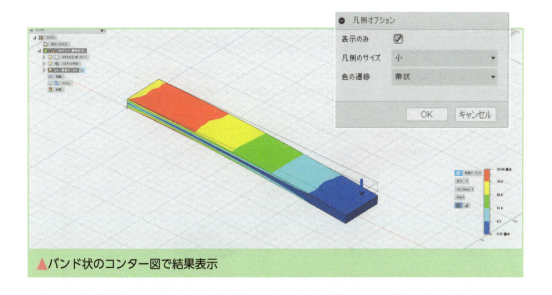
▲バンド状のコンター図で結果表示

凡例で表示する色数の調整

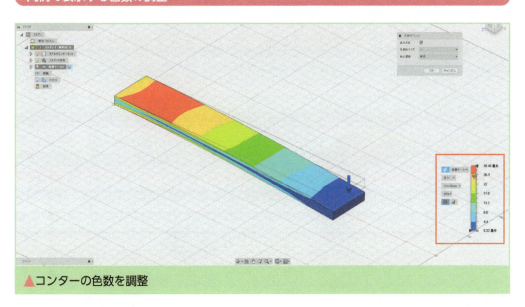
▲コンターの色数を調整

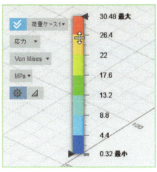

　色分けの数については、判例のバーの上でマウスの中ボタンを押しながら上下することで数を増やしたり減らしたりすることが可能です。

凡例のバーの大きさの調整

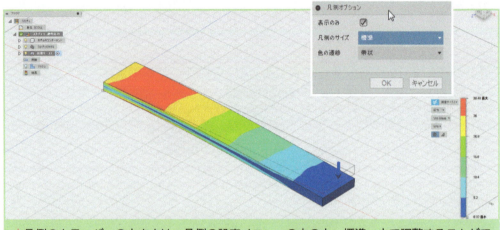

▲凡例のカラーバーの大きさは、凡例の設定メニューの中の大、標準、小で調整することができます。デフォルトでは「小」になっています。

表示できる結果の内容

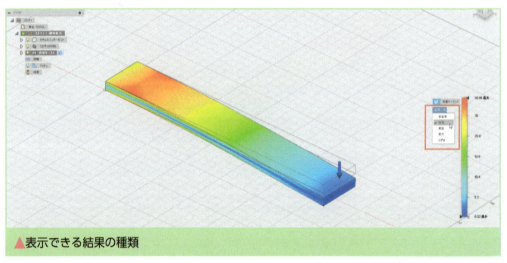

▲表示できる結果の種類

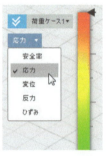

　結果として確認できるのは、安全率と応力のほかは、静的応力解析の場合、反力、変位、歪みです。また、応力の場合には、ミーゼスの相当応力のほかに、最大、最小の各主応力、垂直応力とせん断応力の各成分など、それぞれに成分があるものは、各成分の表示が可能です。

凡例の表示幅の調整

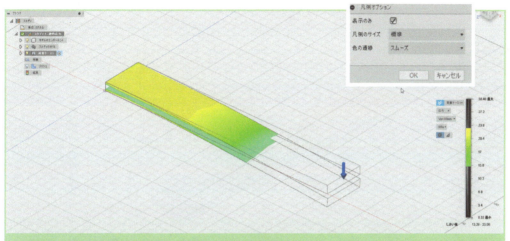

▲凡例の上下の矢印を上下することで、狙った範囲に絞ってコンターを表示することができます。狙った数値と形状を合わせて見るときには便利です。

最大値と最小値の表示

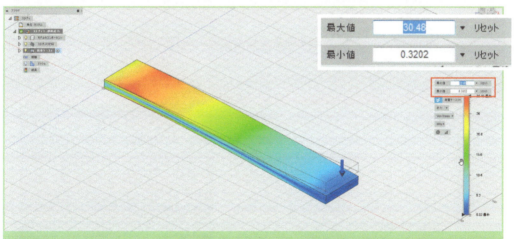

▲凡例のバーをダブルクリックすると、この解析における最大値と最小値を凡例のバーの上に表示することができます。モデル上に最大値と最小値を表示することも可能ですが、別途にこのような形での表示も可能です。

凡例の表示場所の移動

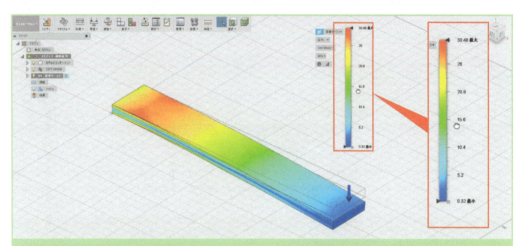

▲凡例のバーの右側の数字付近にマウスのカーソルを合わせると矢印から手のひらのカーソルに表示が変わります。この状態でマウスのホイールを押しながら動かすと、凡例の位置を任意の場所に移動することができます。

変形のスケールの調整

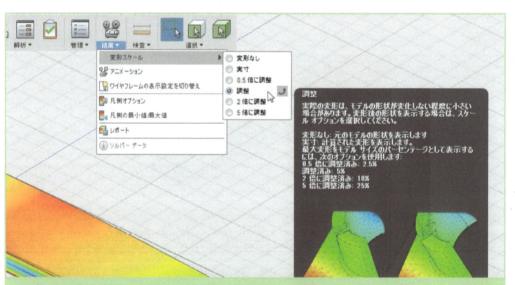

▲解析後の変形のスケールは、デフォルトでは自動的に調整されたスケールになっていますが、その変形の大きさが不適当である場合には、実寸、2倍、5倍や変形なしなど任意の倍率に変更することができます。

結果のアニメーション表示

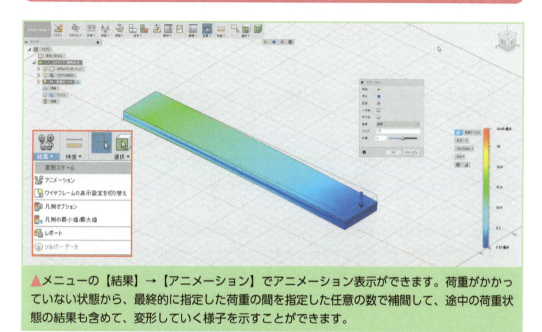

▲メニューの【結果】→【アニメーション】でアニメーション表示ができます。荷重がかかっていない状態から、最終的に指定した荷重の間を指定した任意の数で補間して、途中の荷重状態の結果も含めて、変形していく様子を示すことができます。

▶ 3.5 理論値と解析モデルの違い

　ところで、今回求められた解析結果は妥当なものなのでしょうか。現実の解析では、そもそも理論値を求めることが難しい問題がほとんどですが、今回の場合には簡単に理論値を求めることができます。

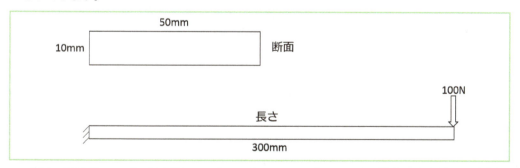

　今回の改善後のモデルは上図のモデルです。このモデルにおける最大の応力値は、左側の壁に固定されている場所で上側が引張りの最大値、下側が圧縮の最大値になりますが、ミーゼスの相当応力値は同じになるはずです。最大の応力値は以下の式で求めることができます。

$$\sigma_{MAX} = \frac{M_{max}}{Z}$$

ここで、M はモーメント、Z は断面係数です。最大のモーメントは棒の根本に発生しますから、荷重 P である 100N と長さ 300mm の掛け算で計算できますから、30,000 N・m になります。断面係数 Z は、長方形の断面の場合、

$$Z = \frac{bh^2}{6}$$

になります。b は長方形の幅、h は高さです。今回の場合、b が 50、h が 10 なので、833.3 になります。

したがって、σ_{max} は、約 36N になります。今回の場合には、30.48N なので、約 17% 低い値になっていますし、さらに最大の応力は根本ではない場所で発生しています。これには、いくつかの理由があります。後述するメッシュの粗さも理由の一つですが、実はこの解析モデルの拘束条件自体が理論値とは異なるものなのです。理論値の状態では、荷重がかかる断面も自由に変形してその面積を拡大することができます。ところが、今回のような拘束では断面の面積は変形できないため理論値では考慮していない応力が発生します。それが答えの差にもなっています。理論値と比較できる場合などは、答えが合わなくて悩む前に、自分の解析とそもそもの想定が一緒であるかどうかを確認しておく必要があります。

ここで、拘束条件の差が、解析結果の差に十分な影響を与えることを見てみましょう。

3.6 スタディのクローン化

　形状に変更がなく微妙に異なる拘束条件や荷重条件、あるいは異なる材料で計算する場合などがあると思います。そのような場合には、わざわざ新しい条件を一から設定する必要はありません。ほとんどの条件が一緒であれば、「スタディをクローン化」をすることができます。

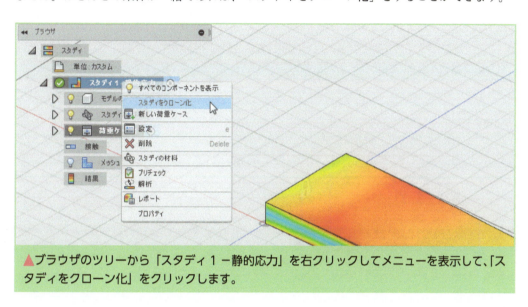

▲ブラウザのツリーから「スタディ１－静的応力」を右クリックしてメニューを表示して、「スタディをクローン化」をクリックします。

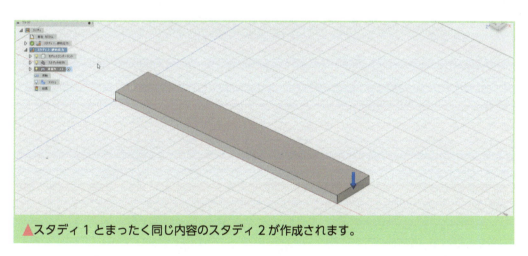

▲スタディ１とまったく同じ内容のスタディ２が作成されます。

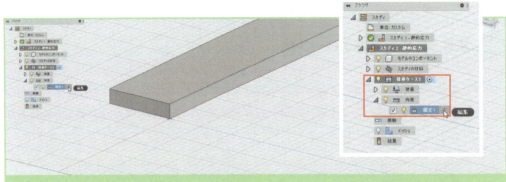

▲ここで、ブラウザの「荷重ケース」を展開して、さらに、その中の「拘束」の「固定1」をマウスで選択すると、鉛筆マークが表示されるのでクリックして、この拘束条件を編集します。

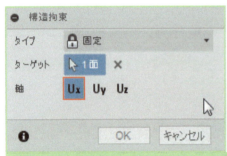

▲ダイアログが表示されるので、Y、Z方向の選択を外してX方向のみしてOKします。

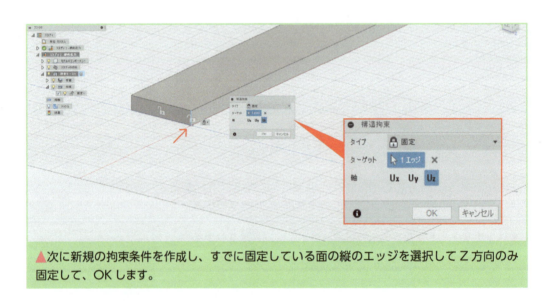

▲次に新規の拘束条件を作成し、すでに固定している面の縦のエッジを選択してZ方向のみ固定して、OKします。

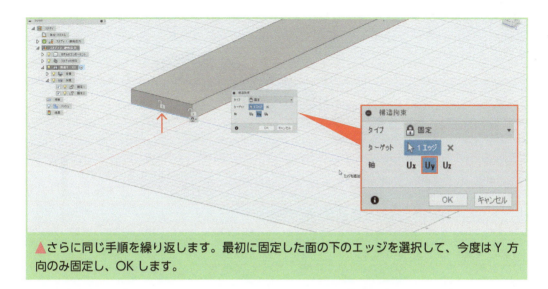

▲さらに同じ手順を繰り返します。最初に固定した面の下のエッジを選択して、今度はY方向のみ固定し、OKします。

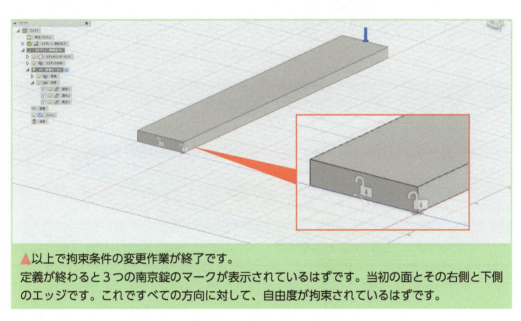

▲以上で拘束条件の変更作業が終了です。
定義が終わると3つの南京錠のマークが表示されているはずです。当初の面とその右側と下側のエッジです。これですべての方向に対して、自由度が拘束されているはずです。

荷重条件に変更はないので、以上で解析の準備は完了です。

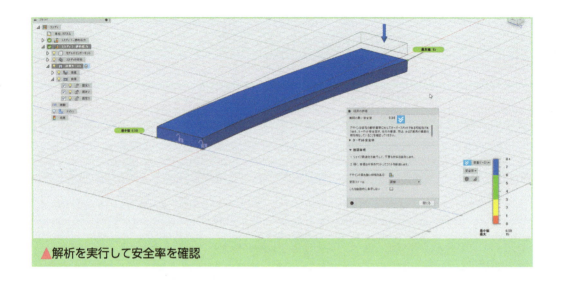

▲解析を実行して安全率を確認

　解析を実行した結果で、安全率を見ると大した違いはありません。これ自体は想定された通りです。

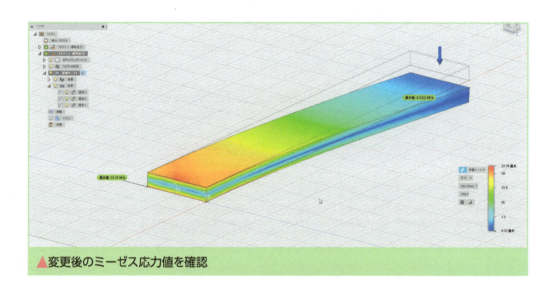

▲変更後のミーゼス応力値を確認

　ミーゼスの相当応力値を確認すると、今度は根本付近に最大の応力値が出ていて、その値も、33.76MPa と、より理論値に近い結果になっています。しかし、これよりも理論値に近づけることは可能でしょうか。

3.7　解析メッシュについて

　理論値の 36MPa と今回の解析結果の 33.76MPa との差は、実はメッシュの粗さに起因している可能性があります。

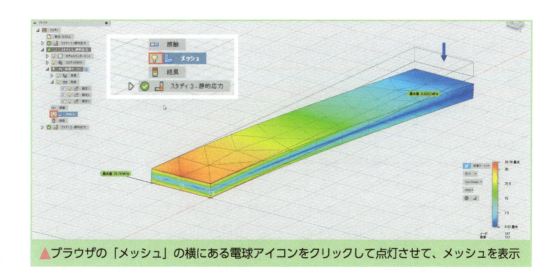

▲ブラウザの「メッシュ」の横にある電球アイコンをクリックして点灯させて、メッシュを表示

　デフォルトの解析メッシュは上図のような四面体要素に切られています。比較的大きいメッシュで細かい応力が捉えきれていない可能性もあります。そこで、意図的にメッシュを細かくしてみようと思います。

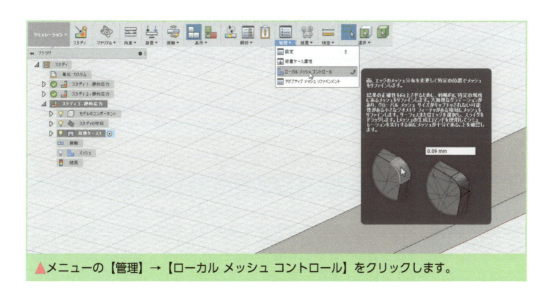

▲メニューの【管理】→【ローカル メッシュ コントロール】をクリックします。

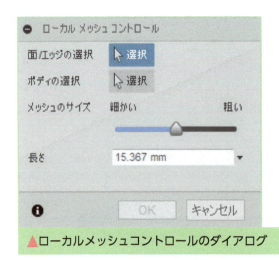

▲ローカルメッシュコントロールのダイアログ

　メッシュを作成するときの細かさを制御するためのメニューが表示されます。細かさは面ごとあるいはエッジごとに指定することも、あるいはボディ全体でまとめて、メッシュの細かさを指定することも可能です。メッシュのサイズはスライダを移動して粗密をコントロールすることも、あるいは「長さ」に直接数値を指定することも可能です。

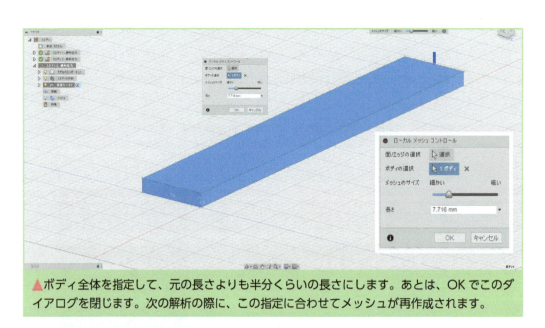

▲ボディ全体を指定して、元の長さよりも半分くらいの長さにします。あとは、OKでこのダイアログを閉じます。次の解析の際に、この指定に合わせてメッシュが再作成されます。

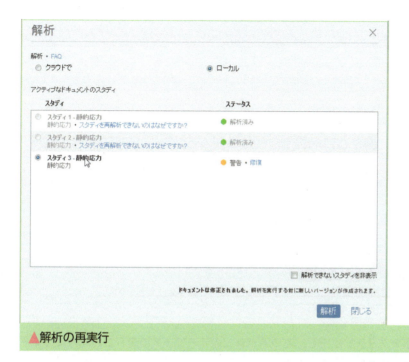

▲解析の再実行

　再度解析を実行します。なお、実行の際のダイアログで警告が出ることがあります。問題があるケースもありますが、今回は指定自体には問題がないのでそのまま実行します。今回の原因は、2つのエッジに拘束条件をつけていますが、元々の面がこの2つのエッジもカバーしているので、同じ場所に2つの異なる拘束条件が定義されていると判断されたようです。

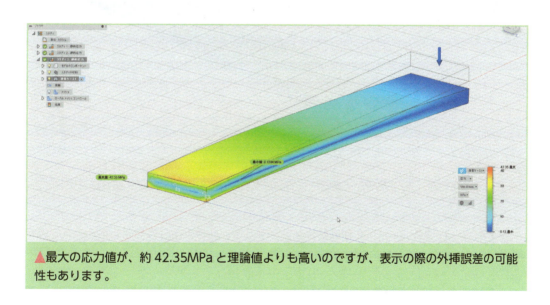

▲最大の応力値が、約42.35MPaと理論値よりも高いのですが、表示の際の外挿誤差の可能性もあります。

プローブ機能の使用

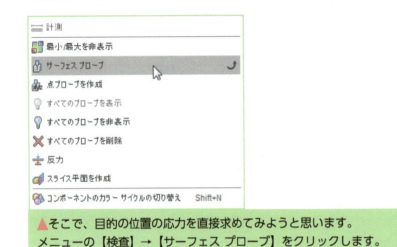

▲そこで、目的の位置の応力を直接求めてみようと思います。
メニューの【検査】→【サーフェス プローブ】をクリックします。

　その後に任意の場所をクリックすると、そのメッシュのサーフェスの値（この場合にはミーゼスの相当応力）を表示することができます。
　なお、特定の位置の値を知りたいという場合もあると思います。

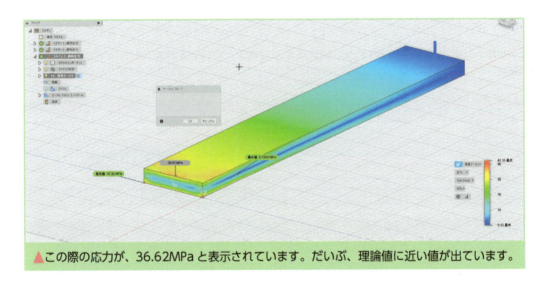

▲この際の応力が、36.62MPaと表示されています。だいぶ、理論値に近い値が出ています。

　その場合には、【点プローブを作成】をクリックして、同様に任意の位置をクリックしてください。この場合には、その場所の座標値が、値とともに表示されます。

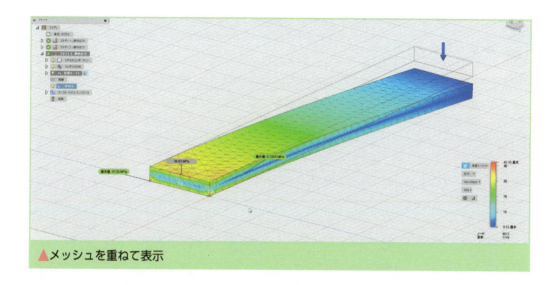
▲メッシュを重ねて表示

　今回の解析でのメッシュは以上のように最初のものよりだいぶ細かくなっています。そのため、モデルで応力が急激に変化する場所をより細かく捉えることができるようになっているのです。なお、一般的にはメッシュを細かくすると応力集中が起きる場所では、応力値がより大きくなります。

　また、特異点と呼ばれる応力値が無限大になる完全な角など（現実の世界にはない）ところでは、メッシュを細かくすればするほど際限なく応力値が大きくなります。つまり細かくすることにあまり意味がなくなります。また、そうでない場合にも、メッシュを細かくしても、計算時間がかかるばかりで解の精度は対して上がらない場合もあります。

　したがって、どうも挙動を捉えきれていないと思ったらメッシュを細かくしたほうがよいのですが、むやみに細かくすれば良いというものではありません。

ヒント

　予想より応力値が低い場合には、メッシュを少し細かくしてみよう。
　ただし、むやみに細かくしてもPCに負荷をかけたり、計算時間がかかったりするだけになるので注意しよう。

3.8　本章のまとめ

　本章では、Fusion360のユーザーインターフェイスの紹介をするとともに、CAEのソフトを使った解析の流れとそこで必要なプロセスと操作を、単純な片持ち梁を使った事例をベースに説明しました。
　さらに、結果の処理とその見方、理論値とソフトの結果の比較、より精度をあげるためのメッシュの管理などについても説明しました。

3.9　クイズ

▶ Fusion360 で解析を実行する前に必要な 6 つのステップをあげてください。

1	
2	
3	
4	
5	
6	

▶ 有限要素メッシュの粗密は、解析結果に影響（**する／しない**）。

▶ 精度の高い解析結果を得るためには、メッシュは（**細かい／粗い**）ほうが良い。また、その際の解析時間は（**長く／短く**）なる。

▶ 境界条件と解析結果の関係は（**強い／弱い**）。

▶ 有限要素解析で最初に求められる未知数は（　　　　）であり、最も精度が高いと考えられる。まず、この値を確認したい。

> 本クイズの解答は、ダウンロードサービスページからダウンロード可能です。ダウンロードサービスのURL は、本書冒頭 p.10 のダウンロード案内を参照してください。

 3.10　演習 1

　本章の最初の演習では、有限要素法での解析事例でもよく使用される「穴空き平板」の応力解析を行います。本章で学んだ解析の主要ステップと各テクニックを用いて、解析を行ってください。

解析するモデルは以下の通りで、100mm × 50mm、肉厚 1mm の板に直径 20mm の穴があいていて、横から 800N の引張荷重がかかっています。穴は板の上下左右のちょうど中央に位置しています。使用するのは、デフォルトで設定されている「鋼」とします。

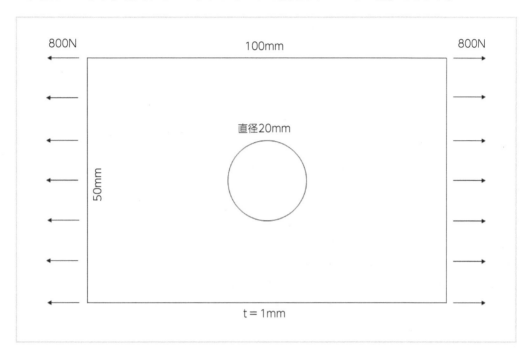

● モデル形状（ジオメトリ）の作成について

　最初のステップは、何をおいてもジオメトリの作成でした。なお、以下に説明する手順にしたがって、Fusion360 の「モデル」環境でジオメトリを作成するか、またはほかの CAD などで作成して形状を Fusion360 にインポートします。もし、CAD でのオペレーションが苦手などで形状が作れない場合には、exercise_3-1.f3d ファイルを使用してこの演習を進めてください。

> 本解析対象パーツの 3D モデルデータ「exercise_3-1.f3d」は、ダウンロードサービスページからダウンロードしてください。ダウンロードサービスの URL は、本書冒頭 p.10 のダウンロード案内を参照してください。

>> 対称条件を利用しよう

　ところで、この形状を見て気がついたことはないでしょうか。それは、上下、左右でそれぞれ対称だということです。したがって、どれか 1/4 だけをモデルすれば、解析モデルは軽くなりますし、拘束条件も定義しやすくなります。解析にあたっては、対称条件をはじめとして、解析モデルを軽く、より単純にできる条件を探すことも重要です。

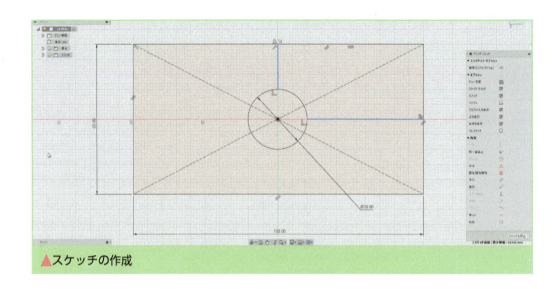
▲スケッチの作成

　今回のケースでは、縦50mm、横100mm の長方形を作成し、中央に直径20mm の円を作成します。さらに、上の横線の中央から円にぶつかるまで下方向に縦の直線を作成し、また、右側の縦線の中央から左方向に円にぶつかるまで直線を作成します。

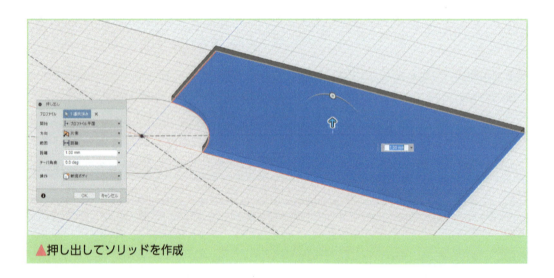
▲押し出してソリッドを作成

　1mm この部分を押し出して、解析対象のジオメトリの作成が終了です。あとは、このモデルに適当な名前をつけて保存した後にシミュレーションの環境に進みます。
　※なお、この後に各ステップの手順は示してありますが、まずはこれらの手順に頼らずに、必要なステップを思い出しながら進めてみてください。

●材料の設定

「静的応力」解析を指定してシミュレーションの環境に切り替えます。

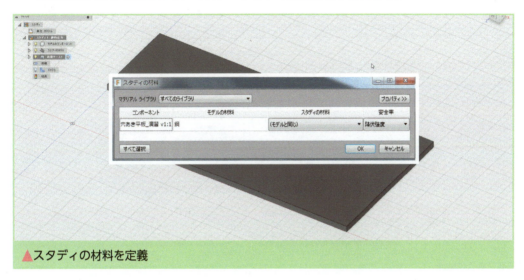
▲スタディの材料を定義

【マテリアル】→【スタディの材料】をクリックして、材料を設定するダイアログを表示します。ここで、目的の材料を設定しますが、今回はモデルで使用されているデフォルトの「鋼」を使用するので、スタディの材料が「(モデルと同じ)」になっているのを確認したら「OK」をクリックします。材料の設定は以上です。

●拘束条件の設定

次に「拘束条件」を設定します。ここで拘束条件を考える際には、できる限り想定している条件に近くなるように拘束条件を設定する必要があります。

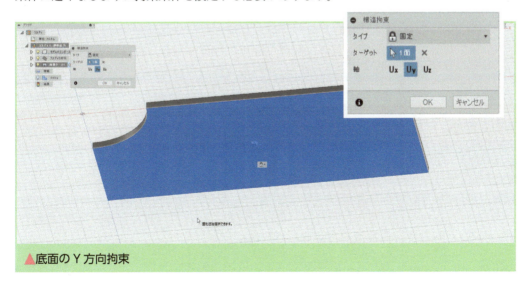
▲底面のY方向拘束

まず、この穴あき平板が、スムーズな平らな平面の上に置かれていて、持ち上がらないと仮定すると、板の下の面は、平面と垂直方向すなわち今回の座標系ではＹ方向に固定されることがわかります。しかし、この平面は平面上では自由に動くことができるので、Ｘ方向とＺ方向には自由にしてやります。したがって、ＸとＺのチェックは外しておきます。

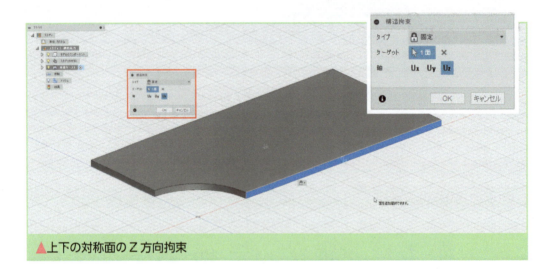

▲上下の対称面のＺ方向拘束

　長手方向の対称面は、上下の中立面ですから、Ｚ方向には動くことがありません。しかし、荷重で引っ張られるＸ方向には自由に動くことができますので、Ｘ方向は自由にします。また、底面と共通する下側のエッジは厚さ方向であるＹ方向には動きませんが、荷重がかかると板の肉厚は変化します。したがってＹ方向の自由度はフリーにする必要があります。またＸ軸方向にも変形するので、Ｘ軸方向の自由度もフリーにします。したがってこの面はＺ方向のみ固定します。

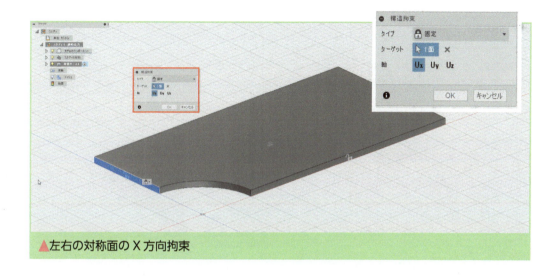

▲左右の対称面のX方向拘束

　左右の中立面であるこの面は左右から均等な力で引張られるため、X方向に対しては固定されます。Z方向とY方向の自由度については、先程の上下の対称面と同じ理由でフリーにしておきます。以上で拘束条件の定義は終了です。

● 荷重条件の定義

　解析の実行に必須の最後の条件である荷重条件を定義します。

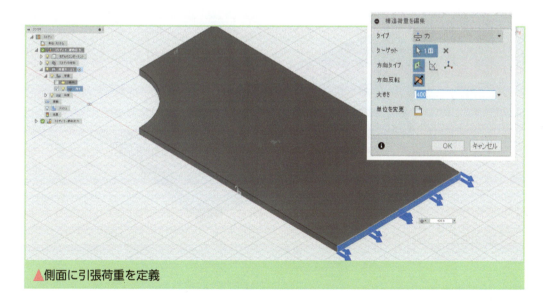

▲側面に引張荷重を定義

　荷重は、右側の側面に定義しますが、デフォルトでは荷重は面に向かう方向になっているので、向きを反転して、板を外側に引張るようにします。また、かける荷重は800Nですが、今回は上下を半分にしているので、荷重も半分の400Nとします。荷重条件の設定は以上です。

●解析の実行

▲解析の実行

　解析を実行します。特にプリチェックは必要ありませんが、解析実行の際に「準備完了」になっていることを確認してください。きちんと条件をつけていれば、警告などは出ないはずです。また、ソルバーが「ローカル」になっていることも確認しましょう（クラウドソルバーもクラウドクレジットなどを使用することで利用可能です）。

●解析結果の処理

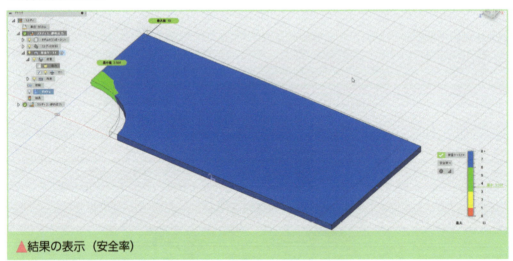
▲結果の表示（安全率）

　最初に安全率が表示されます。
　概ね全体が濃いブルーで表示され、穴の上端付近が緑色になっています。青は安全率が非常に高いことを示しています。一般に応力が最も高い場所で緑色になっていれば、構造物は強すぎず弱すぎず、適切に作られていると判断できます。

94

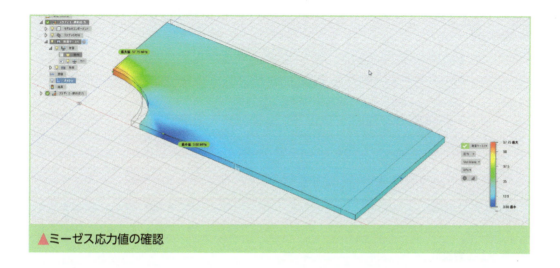

▲ミーゼス応力値の確認

　今回の安全率はミーゼスの相当応力値ベースの降伏応力で判断されていますので、ミーゼスの相当応力値を確認します。理論通りの位置に最高の応力値が出ています。値は、57.75MPaです。本モデルの場合、断面の平均応力に対して応力集中係数が、2.25 程度になると予想されます。解析結果は、26.67MPa と比較すると 2.16 になるのでやや低めです。

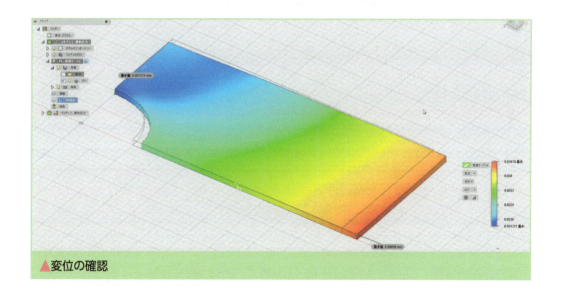

▲変位の確認

　合わせて変位も確認します。
　最大で 0.00478mm ですから、ほとんど変形していないといってもよいでしょう。
　変形量が非常に少ない、あるいは極端に変形しているといった場合には、Fusion360 は自動的にスケールを調整します。今回は大げさに表示されているので必要であれば、実寸表示にするなどスケールを手動で変更してみましょう。

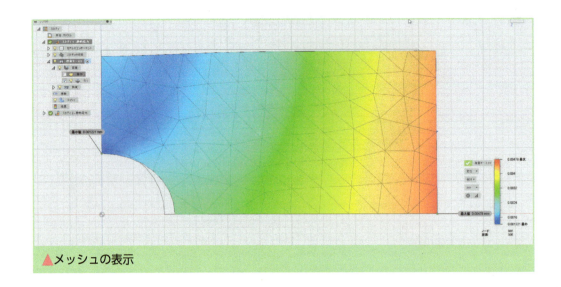

▲ メッシュの表示

　ところで、概ね挙動は適切に捉えられているものの、前述したようにメッシュ分割が粗い場合には、一般に応力は低く捉えられがちです。

　応力集中の部分を適切に捉えるには、メッシュ分割を細かくしたほうが良い場合があります。上記に示しているのは、デフォルトでのメッシュ分割です。

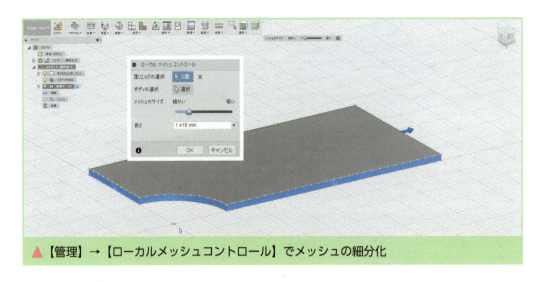

▲【管理】→【ローカルメッシュコントロール】でメッシュの細分化

　ローカルメッシュ分割を利用して側面のメッシュ分割をもう少し細かくしてみることにしてみます。穴の側面と対称の拘束条件をつけた面を指定して、1.5mm前後の長さを指定します。

▲再解析の結果確認

　細かくした設定での結果を確認します。
　安全率は、すでに確認していましたし、メッシュを細かくしても極端に結果を変化させるほどの応力値は予測していません。

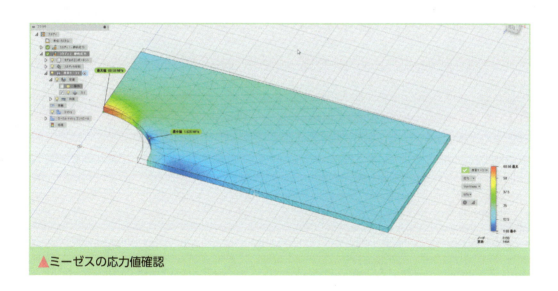
▲ミーゼスの応力値確認

　応力値を確認してみます。
　最大のミーゼス応力値が、60.56MPaですので、先程よりも高い値が求められています。この値を用いて応力集中係数を求めてみると、2.27と微妙にオーバーシュートしましたが、ほぼ理論値通りになったと考えてよいでしょう。

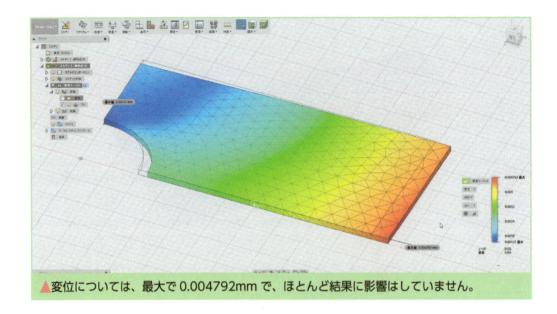

▲変位については、最大で0.004792mmで、ほとんど結果に影響はしていません。

　基本的にはメッシュ分割は、応力値をより高い精度で求める場合に有効なものと言えます。

LESSON 4

静的応力解析のエクササイズ

4 静的応力解析のエクササイズ

　レッスン3では、Fusion360を使った静的応力解析の基本的なプロセスを学習しました。このレッスン4では、いくつかの解析モデルをこなすことで、Fusion360の解析に慣れていきたいと思います。さらに、応力解析の手順を学ぶだけではなく、設計中のモデルの改善にもチャレンジしてみます。

4.1　軸受の解析

　以下の軸受にかかる荷重によって発生する応力の大きさと位置を確認し、このパーツの妥当性を検証し、さらに結果からモデルの改善を図ってみましょう。

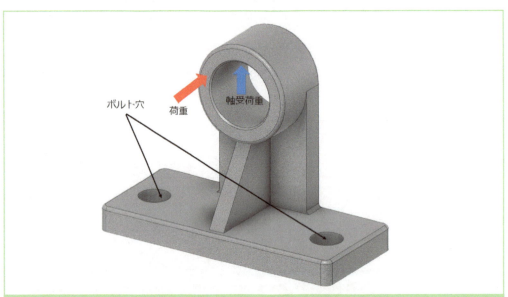

▲あるアセンブリの中で使用される部品の1つである鋳鉄製の軸受は、2つのボルトで固定されており、手前の正面に見える面に10kN、軸がはまる内側の面の上方向に軸受荷重が1kNかかるものとします。

本解析対象パーツの3Dモデルデータ「example_4-1.f3d」は、ダウンロードサービスページからダウンロードしてください。ダウンロードサービスのURLは、本書冒頭p.10のダウンロード案内を参照してください。

　以下に解析のステップを示していきますが、上記に示した情報のみで解析を進めることができます。ステップの説明に頼る前に、一度自分で試してみてください。

> **ステップ 1**　　**ファイルを開く**

　ファイル「example_4-1.f3d」を自分の任意のプロジェクトにアップロードしてから、ファイルを開いてください。

▲ファイルをプロジェクにインポート後、そのモデルを開いてモデル環境で、ジオメトリを確認します。

> **ステップ 2**　　**シミュレーション環境に移動する**

▲シミュレーション切替時に、「静的応力」の解析であることを確認して、シミュレーション環境に入ります。

| ステップ3 | 材料の設定 |

メニューを左から右に進みます。最初に材料を設定しましょう。

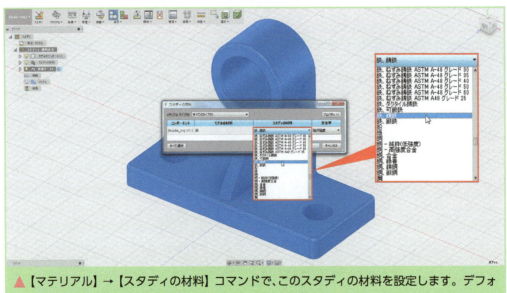

▲【マテリアル】→【スタディの材料】コマンドで、このスタディの材料を設定します。デフォルトの材料は、「鋼」なので、プルダウンのメニューの材料リストの中から、下にスクロールして「鉄、鋳鉄」を選択してから「OK」します。

| ステップ4 | 拘束条件の定義 |

材料が決まったので次に拘束条件を定義します。このパーツは、2つのボルト穴に通されたボルトによって、位置とオリエンテーションが完全に固定されます。ボルトはモデリングされていませんので、ボルト穴に拘束条件を定義することになります。

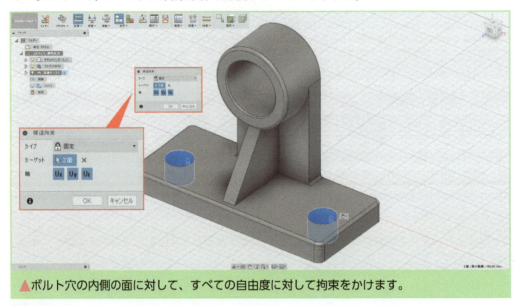

▲ボルト穴の内側の面に対して、すべての自由度に対して拘束をかけます。

102

> **ステップ5**　　荷重条件の定義

次に荷重条件を定義しますが、今回は2つの荷重条件を同時に定義することになります。

正面の面に垂直の荷重

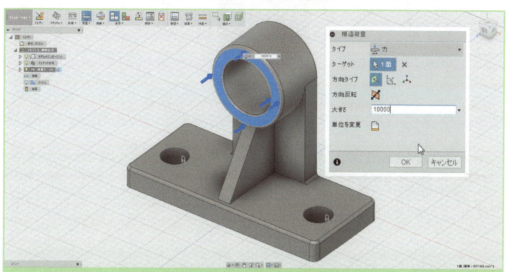

▲軸の周りのドーナツの形をした面に対して「力」を定義します。向きは面に垂直に向かってくる方向で、デフォルトと同じ向きなので変更の必要はありません。荷重は、10kN（10,000N）を入力します。

軸受荷重

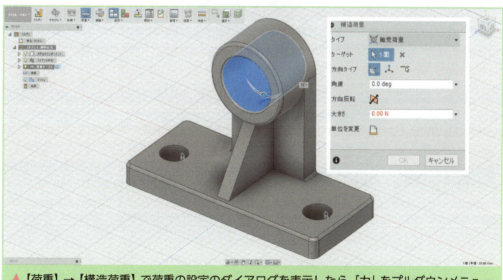

▲【荷重】→【構造荷重】で荷重の設定のダイアログを表示したら、「力」をプルダウンメニューから、「軸受荷重」を選択します。ターゲットとなる面には軸受の内側の面を選択します。

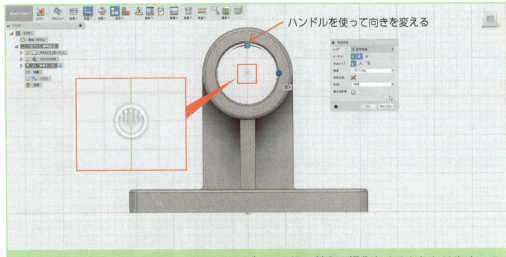

▲軸受荷重の向きを選択します。正面からのビューに切り替えて操作をするとわかりやすいでしょう。デフォルトでは下向きに薄く半透明の矢印が表示されていますが、その周りに表示されているハンドルを180度回して、上向きにします。荷重は1kN（1,000N）を入力します。これでOKを押して荷重の定義は終了です。

ステップ6　　解析条件の確認

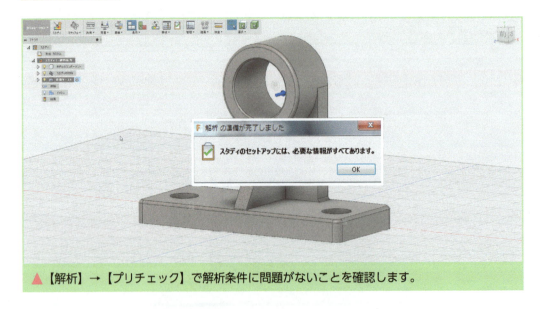

▲【解析】→【プリチェック】で解析条件に問題がないことを確認します。

| ステップ 7 | 解析の実行 |

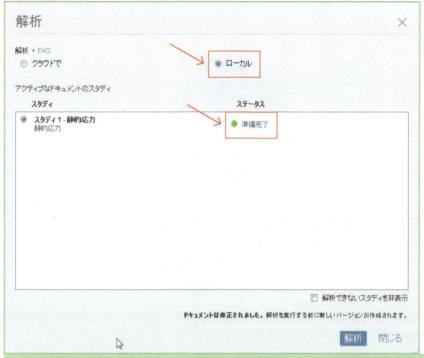

▲【解析】→【解析】をクリックして実行のためのダイアログを表示して実行の準備をします。ここでは、デフォルトで「クラウドで」になっているソルバーを「ローカル」にします。ステータスが準備完了になっていることを確認してから右下の「解析」をクリックします。

▲計算にそれほど時間はかからないはずですが、状況を確認したいときには、モデル名の左側にある「>」をクリックしてステータスをモニターします。

> ステップ8　　結果の確認

解析結果の表示

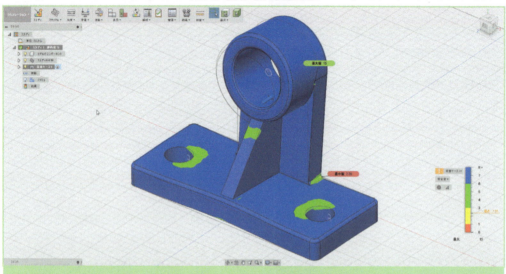

▲解析が終わると自動的に変形後の形状とともに「安全率」がモデル上にマップされて表示されます。変形の形自体は特に異常なものはないようです。

変形スケールの変更

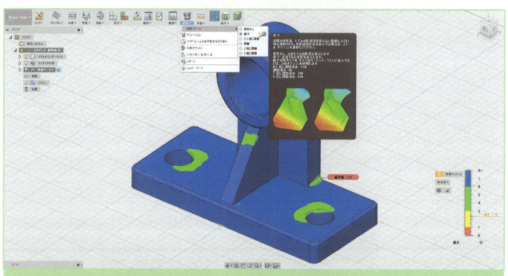

▲変形の状況は大丈夫であることがわかったので、スケール表示をやめて実寸表示に切り替えます。変形のスケールの変更は、【結果】→【変形スケール】で切り替えます。

最も低い安全率の場所を確認

▲安全率の最小値の場所を確認すると、角のフィレットの部分であることがわかります。
　もし、最大値や最小値が表示されていない場合には、【検査】→【最小／最大を表示】をクリックします。

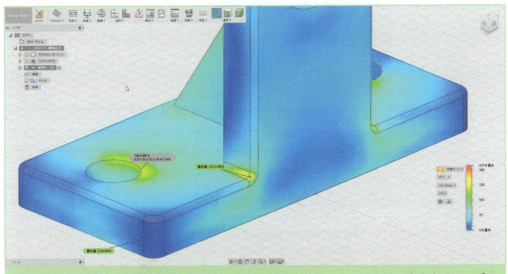

▲表示を「応力」に切り替えて、最大のミーゼス応力を確認します。今回の安全率はミーゼスの降伏応力値で計算していますので、最小の安全率の位置と最大のミーゼス応力値の位置は一致するはずです。最大値は 322.6MPa になっています。

▲あらためて降伏強度（降伏応力）を確認してみます。758MPa ですから、降伏応力よりは十分に低い値ですが、すべての安全率を十分に高い状態にしたいと思います。

ステップ9　パーツの改善

そこで、このパーツの形状を少し変えて、応力が最も高い場所の応力を下げることを考えてみましょう。この場合上に伸びる板と底面の付け根の角の角Rが小さすぎて応力集中が起きている可能性があります。そこで一度、モデル環境に戻ってフィレットで定義した角Rの大きさを変更してみます。

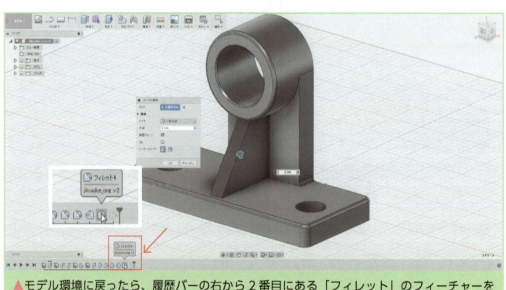

▲モデル環境に戻ったら、履歴バーの右から2番目にある「フィレット」のフィーチャーをダブルクリックして編集します。表示されたダイアログで、Rの値が2mmであることがわかります。

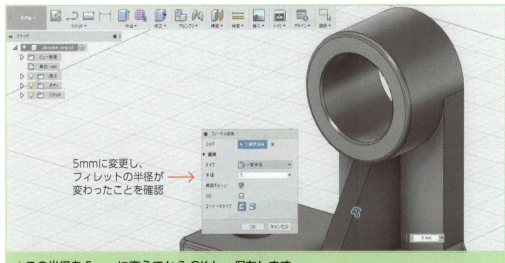

▲この半径を 5mm に変えてから OK し、保存します。
モデルの変更はこれだけなので、シミュレーション環境に戻ります。
※ 2017 年 9 月 7 日のアップデートで追加された「単純化」のメニューからでもフィレットの半径を変更可能です。

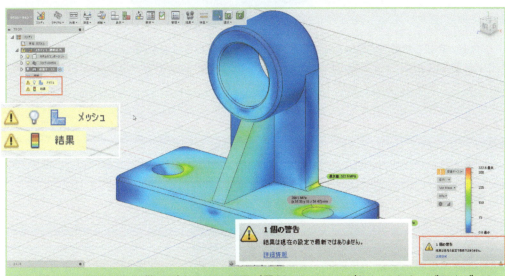

▲モデルの右下を見ると警告が出ていて結果が最新でないことがわかります。ブラウザでもメッシュと結果の背景が黄色になっています。元の形が変わってしまったのでメッシュがもはや最新でなく、結果も最新でないためこのように警告が出ています。

そこで計算の再実行が必要なことがわかるので、【解析】→【解析】で計算を実行します。

> **ステップ 10**　　改善案の結果表示

　新たに行った解析の安全率を確認すると、黄色で表示された部分がなくなっていて最大の応力値（最小の安全率）が出ていた部分も緑色になっているので、十分に応力が下げられたことがわかります。

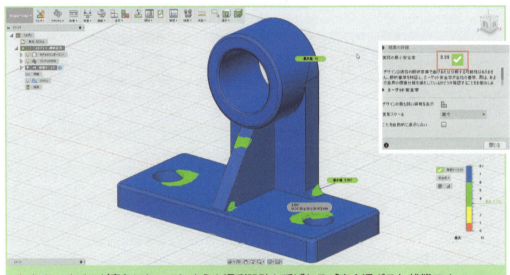

▲ なお、すべてが青色になってしまうと過剰設計と呼ばれる「安全過ぎる」状態です。これは必要以上にパーツを重くしてコスト高にしたり、製品のパフォーマンスを下げたり　することもあるので、安全すぎれば良いというものでもないのです。

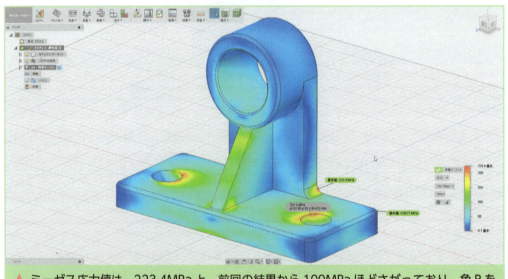

▲ ミーゼス応力値は、223.4MPa と、前回の結果から 100MPa ほどさがっており、角 R を大きくすることが有効な手段であることがわかります。

ステップ 11　　異なる評価基準で評価する

さて、ここまでパーツの安全性、妥当性をミーゼスの相当応力値で評価してきました。等方性の材料である一般的な金属に対しては、多軸場を1つの指標で評価する基準として、ミーゼス値が妥当と考えられているからです。しかし、ミーゼス応力値は延性材料には比較的良いシミュレーション結果を示すものの、鋳鉄のような脆性の金属は降伏することなく、いきなり破断してしまうためミーゼスは必ずしも良い評価指標ではなく、実は最大引張応力のほうが妥当であると考えられます。

そこで、あらためて安全率の評価基準を「最大引張強度」にしてみます。【マテリアル】→【スタディの材料】を開きます。

▲ ここで、デフォルトでは「降伏強度」になっていた安全率を「最大引張強度」に変更します。

安全率の確認

評価すべき解析結果は同じ設定のものですので、解析の再実行の必要はありません。ブラウザのツリーの「結果」をダブルクリックすると、結果が表示されます。

▲ 安全率表示に切り替えてみると先程と少し状況が違います。また、最小の安全率はボルト穴の縁近郊に出ています。つまり、最大の引張応力はこの付近に出ていることがわかります。

応力値の確認

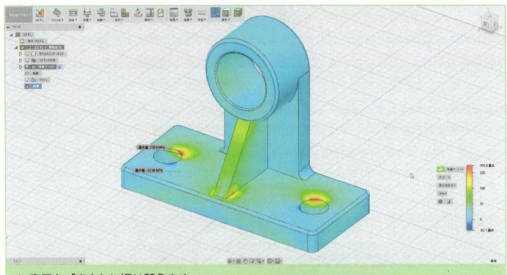

▲ 表示を「応力」に切り替えます。
さらに、表示する応力を「最大主応力」に切り替えます。これで最大の引張り応力の値がわかります。最大主応力の最大値の場所が、最小の安全率の場所に一致していることがわかります。応力が大きすぎる場合には、この場所からクラックなどが入る可能性があります。

　今回の解析結果では、最大引張強度からこの値は十分に小さく、かつ安全率も適正な範囲に収まっているので特に何か形状を変更する必要はないと考えられます。

　もしこの部分に極端な応力集中が発生する場合には、何らかの形状修正をかける必要があるということになります。

4.2　強制変位による解析

　解析したいものによっては、荷重によって物体を変形させるのではなく、その物体のある部分を強制的に任意の距離だけ動かして、変形をコントロールし、その際の応力を確認したいという場合があるかもしれません。スナップフィットなどが典型的な例です。スナップフィットは爪が、はめ合う相手方の穴にはまるまでは、一定の距離分押し込まれ、曲がったままになります。この際に発生する応力で壊れてしまっては困るわけです。そのような場合には、強制変位による解析を行うことができます。今回の解析モデルは以下の通りです。

> 本解析対象パーツの3Dモデルデータ「example_4-2.f3d」は、ダウンロードページからダウンロードしてください。ダウンロードサービスのURLは、本書冒頭 p.10 のダウンロード案内を参照してください。

▲ このように、二本爪がついたモデルの先端部分をモデリングしました。

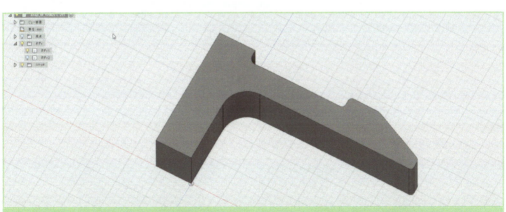

▲ もっとも、左右対称のモデルであるため、このように、どちらか片側のみで解析するのがよいでしょう。この状態から解析を始めます。むやみに解析モデルを大きくするのは推奨されません。

> ステップ1　ファイルを開く

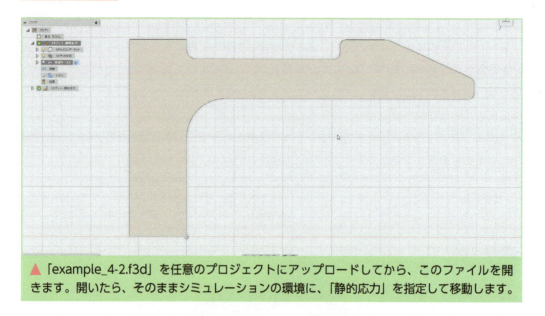

▲ 「example_4-2.f3d」を任意のプロジェクトにアップロードしてから、このファイルを開きます。開いたら、そのままシミュレーションの環境に、「静的応力」を指定して移動します。

境界条件について

このモデルでの境界条件は以下の通りとします。

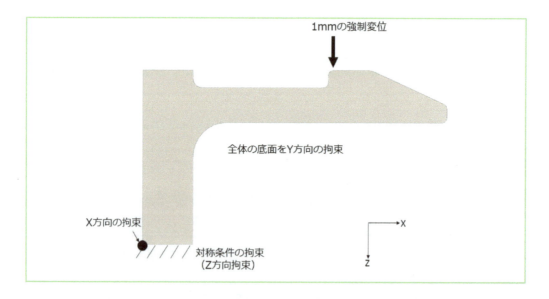

　全自由度が拘束されているのはもちろんですが、荷重の代わりに1mmの強制変位を与えます。

ステップ2　材料定数の定義

【マテリアル】→【スタディの材料】をクリックします。

▲ 今回の材料には「ナイロン 6/6」使用します。スタディの材料の リストの中から、ナイロン 6/6 を探して選びます。また、樹脂は独特の挙動がありますが、破断前にネッキングすると考え、相当応力を使って安全率をみます。

ステップ3　拘束条件の定義

先程、説明した境界条件を定義していきます。

対称条件による Z 方向拘束

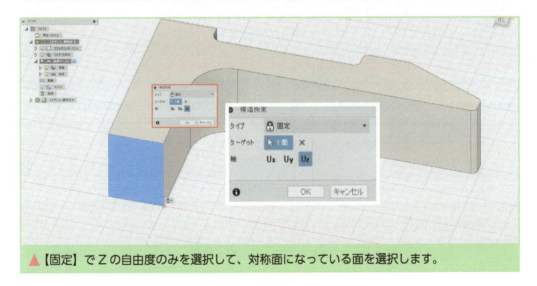

▲【固定】で Z の自由度のみを選択して、対称面になっている面を選択します。

X方向の固定

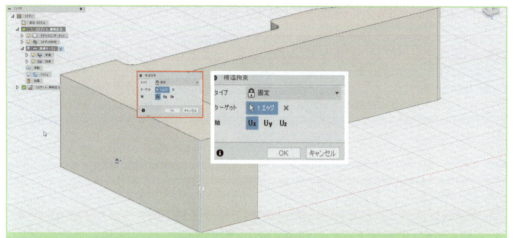

▲ 次にX方向を固定します。対象面自体は自由に変形できるように、対象面の左側（爪の先端から見て一番後ろ側）のエッジのみを拘束対象に指定します。Xの自由度のみが選択されていることを確認します。

Y方向の固定

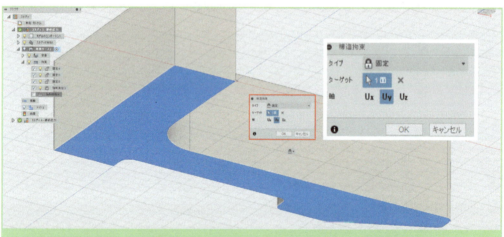

▲ Y方向（厚み方向）にも固定する必要がありますが、厚みそのものは固定されているわけではないので、底面のみを固定します。Yの自由度のみが選択されているかどうかを確認してください。

> **ステップ4**　　強制変位の定義

通常はここで荷重条件を定義しますが、今回は荷重の代わりに強制変位を与えます。

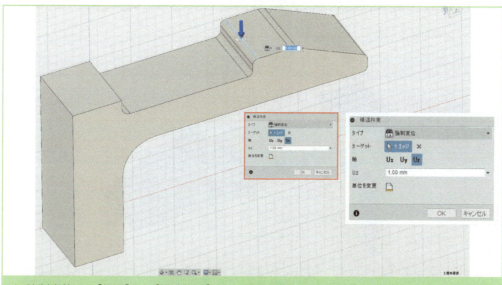

⚠ 強制変位は、【拘束】→【構造拘束】で、通常の固定のためのダイアログを出したら、タイプのプルダウンメニューから強制変位を選択します。フィレットの面とその前の平らな面の境のエッジを選択して、Uzに1mmを入力します。これで、このエッジは解析時に強制的に1mm移動させられる設定になります。なお、X、Yは、設定から外しておきます。

> **ステップ5**　　解析の実行

まず、解析のセットアップができているかどうかを、プリチェックでチェックします。

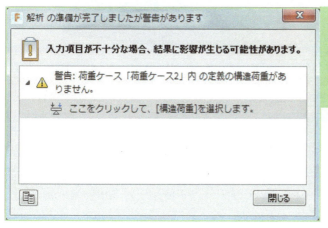

◀ 荷重ケースがないと表示されています。確かにそうなのですが、強制変位がそれに代わるものですので、無視して解析を実行してOKです。

117

> ステップ6　　解析結果の確認

安全率

まず安全率を確認します。

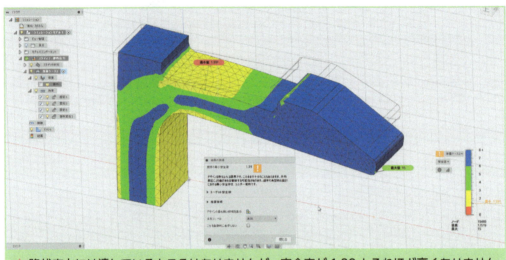

▲ 降伏応力には達しているところはありませんが、安全率が 1.39 とそれほど高くありません（場所は隠れている下側の面）。

応力の確認

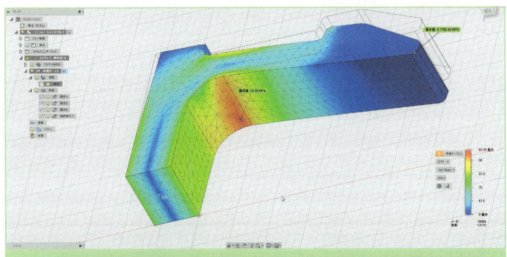

▲ ミーゼスの相当応力を確認します。下側の根本のフィレット前方に、安全率最低値の場所に、59.49MPa の応力が発生しています。

次の章で詳しく応力緩和を試みますが、形状の変更がどのように応力に影響を与えるかを見てみましょう。

ステップ7　形状の変更

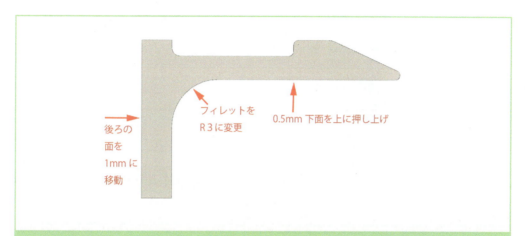

▲ 図の通りに形状を変更します。下面の0.5mmと後ろ側の1mmの面の移動ははプレス／プルで、Rはフィーチャー編集で3mmに変更してください。全体に薄めの形状になります。形状の変更で拘束条件が外れる場合には、つけなおしてください。

ステップ8　形状修正後の解析結果

形状変更後の安全率の変化を確認

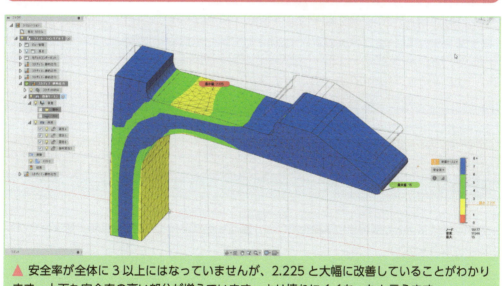

▲ 安全率が全体に3以上にはなっていませんが、2.225と大幅に改善していることがわかります。上面も安全率の高い部分が増えています。より壊れにくくなったと言えます。

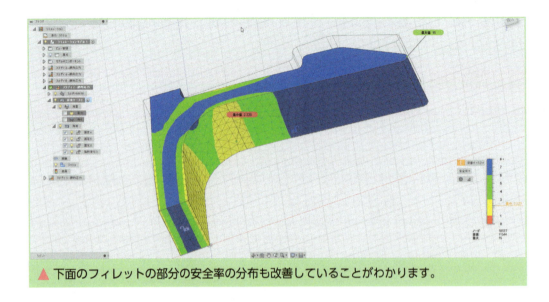

▲ 下面のフィレットの部分の安全率の分布も改善していることがわかります。

応力の確認

続いて応力値そのものを確認してみます。

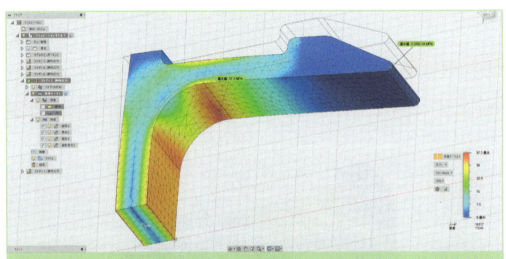

▲ ミーゼス応力の最大値は、37.2MPaで、ほぼ同じ場所で確認されました。ここも応力の緩和ができていることがわかります。なお、応力の緩和については、レッスン5でより詳しく説明します。

スナップフィットの解析では強制変位による構造解析の流れと、形状の変更の影響までプロセスをカバーしました。

基本的には、Fusion360による解析の流れはこのような形で進めていきます。

LESSON

5

応力緩和の
ノウハウを
静的応力解析で学ぶ

LESSON 5 応力緩和のノウハウを静的応力解析で学ぶ

　レッスン4までに、静的応力解析の解析の実行方法、解析結果の評価方法とその結果に基づいた形状の変更方法について学びました。特に単品の静的応力解析であれば、手順にさほど違いはなく、むしろ、その結果をどのように評価して、ベストなパーツ形状につなげていくのかが重要だということがわかります。

　本レッスンでは、「解析結果をもとにして形状を修正し、応力を緩和する」という観点から、さまざまな応力緩和について Fusion360 のシミュレーション機能を通じて学んでいきます。このときに生きてくるのが、材料力学の知識です。
　応力緩和をするにはいくつかの方法があります。対処方法を間違えると結果が改善しないどころか悪化することもあります。したがって、自分はいったいどのような問題に対応しようとしているのかを理解することが大事です。

5.1　荷重に耐えるには剛性を高めよう

　この方法はすなわち、物体をより硬くして応力を軽減するということです。このようなケースは主として荷重を掛ける際の対応になります。

　では、実際にどのようなことか見ていきます。

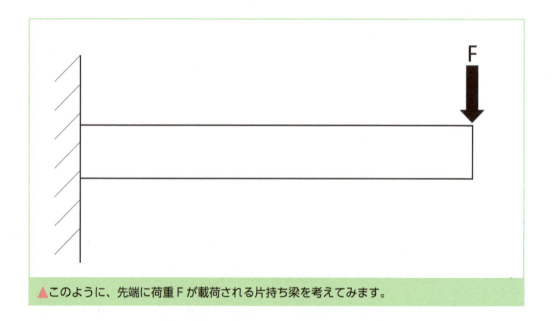

▲このように、先端に荷重Fが載荷される片持ち梁を考えてみます。

早速、Fusion360を使って解析をしてみます。

今回使用するモデルは10mm × 10mmの断面、長さが200mmの四角い棒で、これに150Nの荷重をかけてみます。材料は、アルミ7075を使用します。

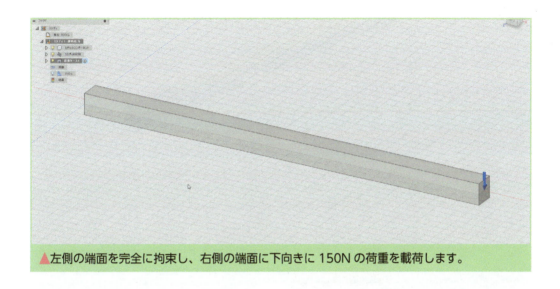

▲左側の端面を完全に拘束し、右側の端面に下向きに150Nの荷重を載荷します。

▲アルミニウム7075を割り当てます。この材料のヤング率は、71,700MPa、降伏強度は145MPaです。

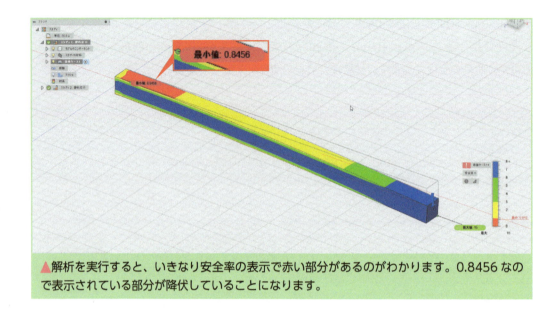

▲解析を実行すると、いきなり安全率の表示で赤い部分があるのがわかります。0.8456 なので表示されている部分が降伏していることになります。

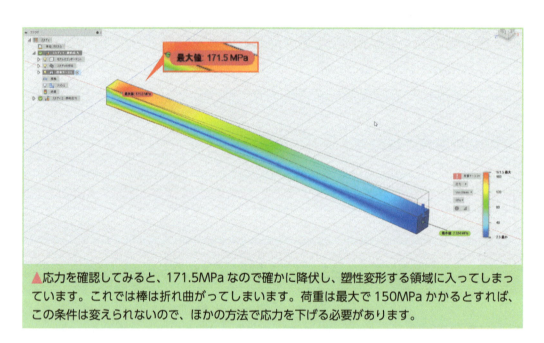

▲応力を確認してみると、171.5MPa なので確かに降伏し、塑性変形する領域に入ってしまっています。これでは棒は折れ曲がってしまいます。荷重は最大で 150MPa かかるとすれば、この条件は変えられないので、ほかの方法で応力を下げる必要があります。

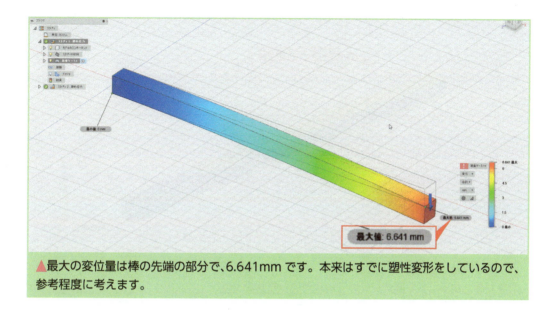

▲最大の変位量は棒の先端の部分で、6.641mm です。本来はすでに塑性変形をしているので、参考程度に考えます。

▶ 5.1.1　改善案1

剛性を高くする、つまり硬くすると考えると、もっと硬い材料を使ってはどうだろうかと考えることがあるかもしれません。

材料を変化させた場合の結果を見てみます。

▲材料を合金鋼に置き換えます。ヤング率は、205,000MPa ですから確かに応力と歪みの関係で見たとき、「硬い」材料といえます。もっとも、降伏強度は 250MPa なので、先程のアルミ 7075 と比較しても、それほど降伏強度が高くなったとは言えません。

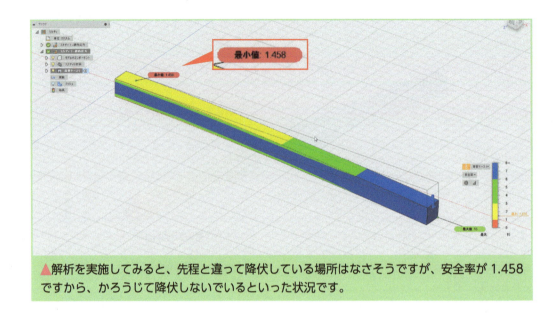

▲解析を実施してみると、先程と違って降伏している場所はなさそうですが、安全率が 1.458 ですから、かろうじて降伏しないでいるといった状況です。

では、応力値そのものを見てみたいと思います。

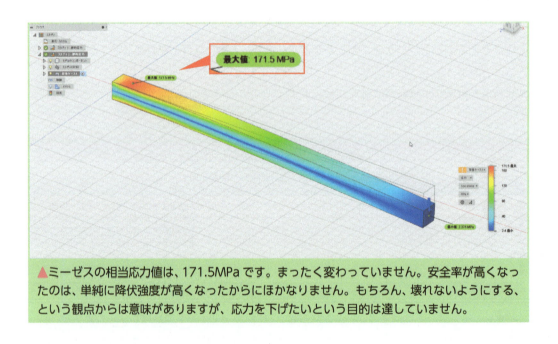

▲ミーゼスの相当応力値は、171.5MPa です。まったく変わっていません。安全率が高くなったのは、単純に降伏強度が高くなったからにほかなりません。もちろん、壊れないようにする、という観点からは意味がありますが、応力を下げたいという目的は達していません。

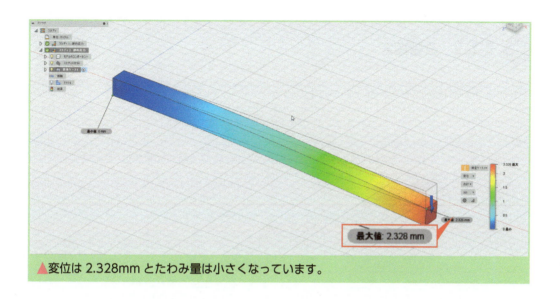

▲変位は 2.328mm とたわみ量は小さくなっています。

これはどういうことかと言うと、片持ち梁の応力値の求め方を思い出してください。

$$\sigma = \frac{M}{Z}$$

ここで、σは応力、Mはモーメント、Zが断面係数です。

根本の部分にかかるモーメントの値は、荷重かける棒の長さで求めることができますし、Zの値は、レッスン2で説明した長方形の断面係数の求め方からわかります。今回の場合であれば、Mは、30,000N・mm、Zは166.7mm^{3}になります。つまり、応力は約180MPaになります。解析メッシュの関係の誤差はありますが、概ね正しい値が解析でも求められています。

ここでわかるのは応力には、材料物性は一切関係がないということです。つまり、いくら大きなヤング率の材料を使用しても降伏強度が高ければ壊れる可能性は減りますが、応力を小さくすることができません。

変位が小さくなったのは、ヤング率が関係しています。応力と歪みはヤング率が関係していますし、歪みは変位と関係があります。

では、材料を変更せずに応力を低減し、すなわち降伏しないようにするにはどうしたらよいのでしょうか。

5.1.2　改善案2

どのように形状を変更すればよいのでしょうか？

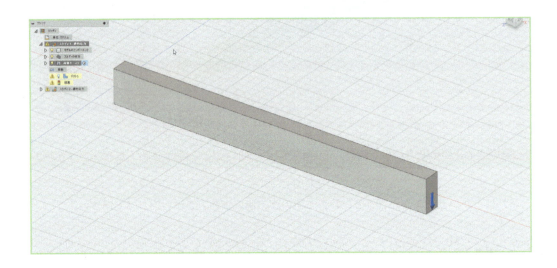

片持ち梁の応力を求める式を思い出してください。荷重値は一定ですから、断面係数 Z の値が大きくなればなるほど、応力値は低くなります。そこで、Z を求める際に 2 乗がかかる高さを大きくすれば、応力を下げられることがわかります。ここでは倍の 20mm にします。

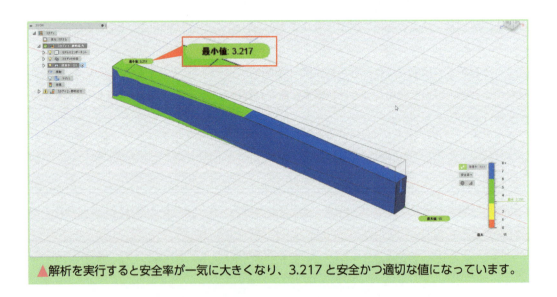

▲解析を実行すると安全率が一気に大きくなり、3.217 と安全かつ適切な値になっています。

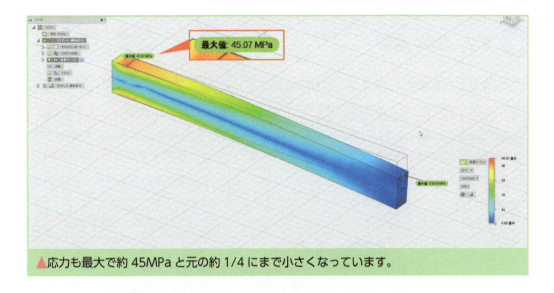

▲応力も最大で約 45MPa と元の約 1/4 にまで小さくなっています。

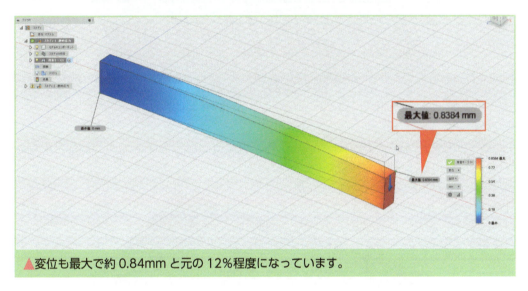

▲変位も最大で約 0.84mm と元の 12％程度になっています。

　このように形状の特性と剛性の関係を理解することが、応力の低減に大きく関わることがわかります。

5.2 台車の解析

　簡略化した台車の荷台の解析をします。以下のような 600mm × 400mm で厚さ 5mm の PC/ABS 製の台で縁に沿って全周に厚さ 5mm のリブがあります。台車の脚はモデリングせずに、取付部分のみを面分割してあり、そこを固定するモデルにします。なお、ジオメトリは、「example_5-2.f3d」というファイルで用意しているので必要に応じてダウンロードしてください。

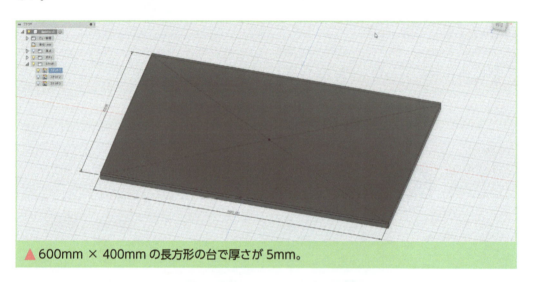

▲ 600mm × 400mm の長方形の台で厚さが 5mm。

▲ 底面側は、縁に沿ってリブを作成。脚の取付部を面分割。

> 本解析対象パーツの 3D モデルデータ「example_5-2.f3d」は、ダウンロードサービスページからダウンロードしてください。ダウンロードサービスの URL は、本書冒頭 p.10 のダウンロード案内を参照してください。

モデルを読み込んだら（または作成したら）、静的応力解析でシミュレーション環境に移ります。

　まず材料物性を定義します。

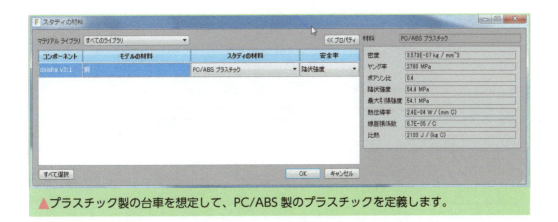

▲プラスチック製の台車を想定して、PC/ABS 製のプラスチックを定義します。

　次に拘束条件を定義します。

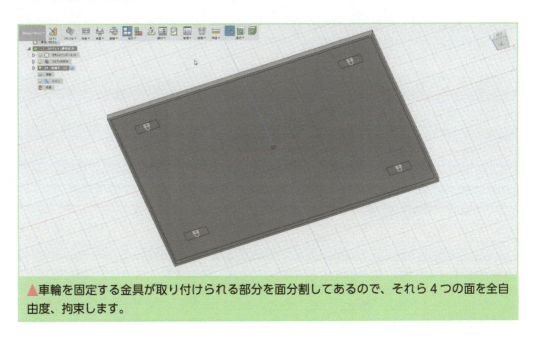

▲車輪を固定する金具が取り付けられる部分を面分割してあるので、それら4つの面を全自由度、拘束します。

次に荷重条件を定義します。

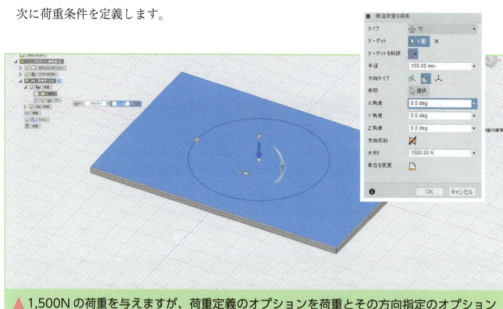

▲1,500Nの荷重を与えますが、荷重定義のオプションを荷重とその方向指定のオプションに変更します。「ターゲットを制限」のオプションをクリックすると、荷重が載荷される領域を絞ることができます。ここでは面の中心から半径150mm以内にします。これで中心部に荷重がかかる想定とします。

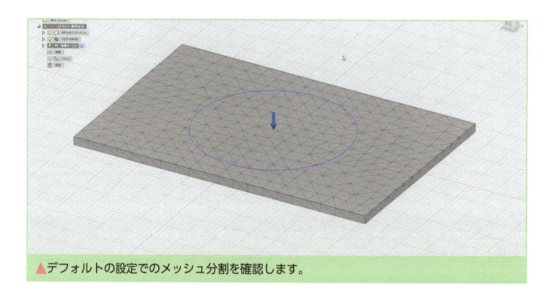

▲デフォルトの設定でのメッシュ分割を確認します。

メッシュの細かさは概ね問題がなさそうなので、これで進めます。

解析結果

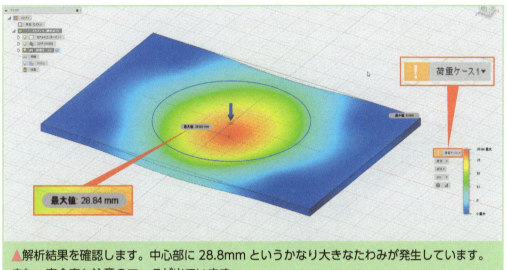

▲解析結果を確認します。中心部に 28.8mm というかなり大きなたわみが発生しています。また、安全率も注意のマークが出ています。

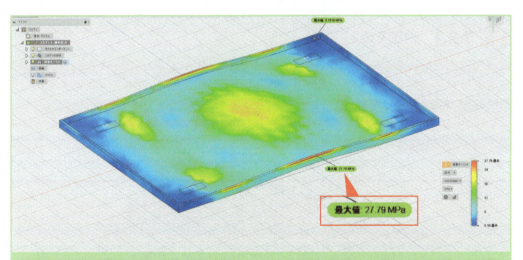

▲応力を確認します。裏側に応力集中が発生しているので、裏側から確認します。最大応力値、27.79MPa は面の中心部ではなく、両サイドのリブに発生しています。概ね挙動としては予想通りです。

安全率は、1.957とすぐに壊れる心配はないかもしれませんが、限界近い荷重が落下などの衝撃を伴うと破損の恐れもあるので、もう少し強化する必要があるかもしれません。

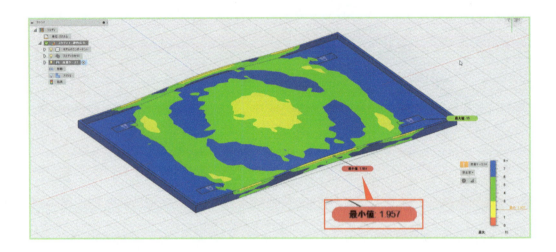

また、リブの応力集中を軽減したいのと、30mm近くもたわんでは台車の用をなさないので、もう少し小さくしたいと思います。

▶ 5.2.1　対策その1

全体の肉厚を大きくするのが一番簡単な解決方法ですが、重量が増えてしまいますし、樹脂成形上も過度な肉厚は問題が生じますので、リブ形状で対策をとります。

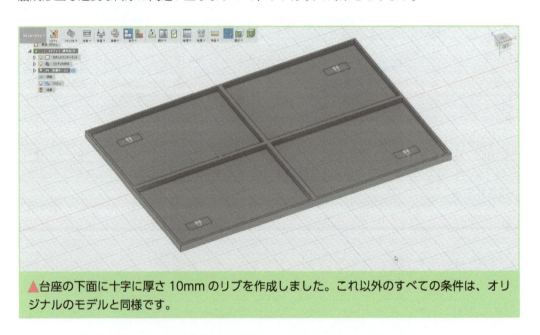

▲台座の下面に十字に厚さ10mmのリブを作成しました。これ以外のすべての条件は、オリジナルのモデルと同様です。

変更後の解析結果

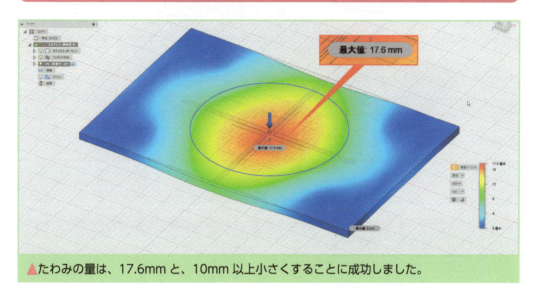

▲たわみの量は、17.6mmと、10mm以上小さくすることに成功しました。

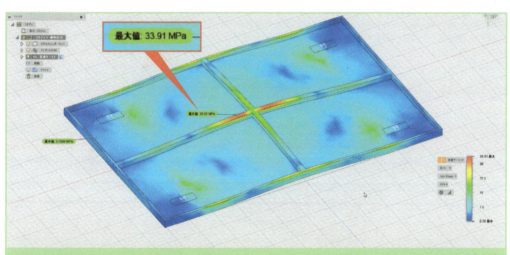

▲応力を確認してみます。今度は、元々あったサイドのリブではなくて十字の中央部付近に応力集中が起きていることがわかります。たわみは小さくなったのですが、応力は33.91MPaとむしろ大きくなっています。

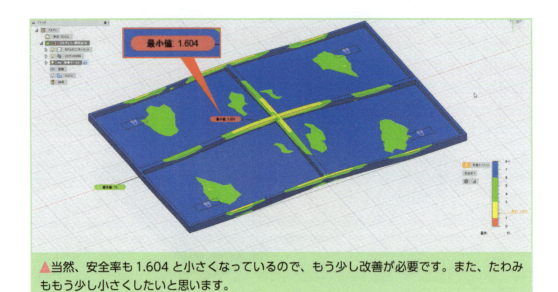

▲当然、安全率も 1.604 と小さくなっているので、もう少し改善が必要です。また、たわみももう少し小さくしたいと思います。

▶ 5.2.2 対策2

▲リブの本数を増やすことにします。前のモデルでは十字にリブを作りましたが、それぞれの両側に2本ずつ追加します。リブの厚みは、前回と同様に 10mm とします。

再変更後の解析結果

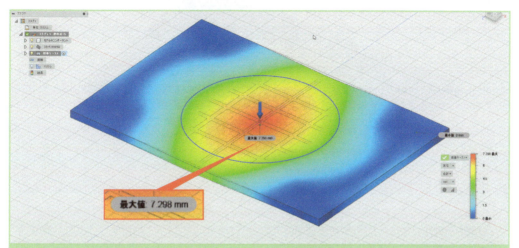

▲今回の変位（たわみ）は、7.298mm と 10mm をきりました。当初のリブ無しのものと比較すると、約 1/4 程度にすることができました。これくらいであれば実用上も問題は少なくなるでしょう。

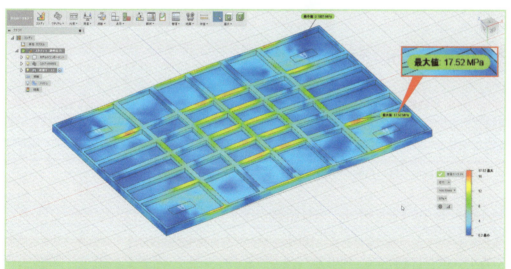

▲反転して底面の応力も確認します。どこか 1、2 箇所への大きな応力集中はなくなり、応力がより広い範囲に分散されているほか、応力値自体も、最大でも 17.52MPa と十分に削減することができました。

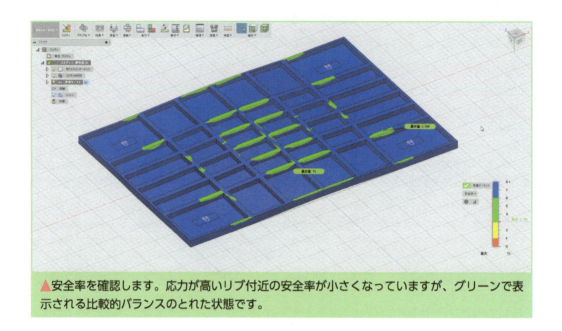

▲安全率を確認します。応力が高いリブ付近の安全率が小さくなっていますが、グリーンで表示される比較的バランスのとれた状態です。

　このように形状で工夫をしていくことで、剛性を高めつつ重量の増加を必用最小限にすることも可能です。

▶ 5.3　ハンガーの解析

　もう一つ、実践的な形を用いて解析をしてみたいと思います。取り上げるのは洋服のハンガーです。ハンガーは上着をかけることが多いと思いますが、横の棒の部分にズボンをかけることも少なくありません。その際にジーンズなどは重いですし、例えば2枚重ねてかけた、濡れたままかけた場合などは、重量がかかることになります。

　ハンガーにはさまざまな形状、さらに断面がありますし、材料もさまざまです。ここでは、極めてシンプルな基本的な形状に、100円ショップなどでも売っていることの多いプラスチック製のもので解析を行って、使用者が大きな重量をかけたときの挙動を確認して、問題があれば改善したいと思います。

形状と寸法は以下の通りです。

> 本解析対象パーツの 3D モデルデータ「example_5-3.f3d」は、ダウンロードサービスページからダウンロードしてください。ダウンロードサービスの URL は、本書冒頭 p.10 のダウンロード案内を参照してください。

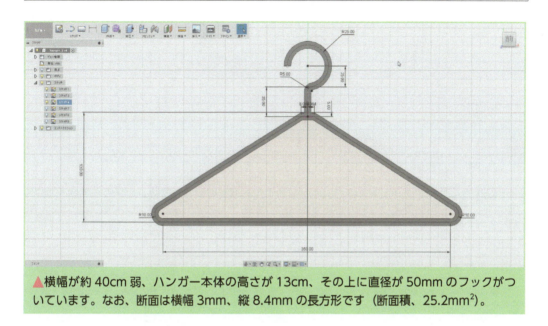

▲横幅が約 40cm 弱、ハンガー本体の高さが 13cm、その上に直径が 50mm のフックがついています。なお、断面は横幅 3mm、縦 8.4mm の長方形です（断面積、25.2mm^2）。

▲今回の材料はポロプロピレンを使用します。降伏強度は 30.3MPa、最大引張強度は 36.5MPa です。

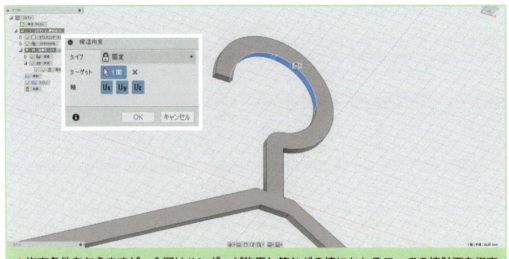

▲拘束条件を与えますが、今回はハンガーが物干し竿などの棒にかかるフックの接触面を指定します。この部分も厳密には動くことが考えられますが、完全拘束と想定します。

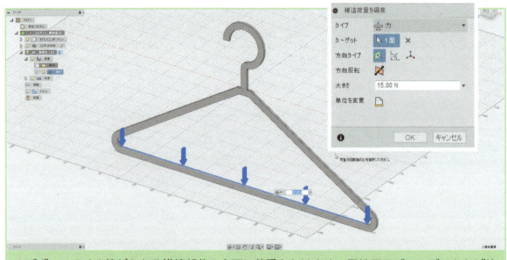

▲ズボン、タオル等がかかる横棒部分の上面に荷重をかけます。男性用のジーンズであれば約600gでポケットなどに何か入ったままかけてもプラス100g程度かと思いますが、やや極端なケースを想定して1.5Kg、約15Nの荷重を載荷します。

解析条件の設定は以上です。

これで、すべての必須の設定が整ったはずなので解析を進めます。

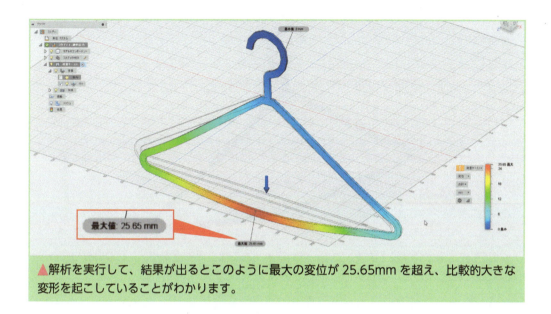

▲解析を実行して、結果が出るとこのように最大の変位が 25.65mm を超え、比較的大きな変形を起こしていることがわかります。

なお、上記の変形は「実寸」で表示しています。

かなり変形が大きいので、実用上はもう少し小さくしたいところです。

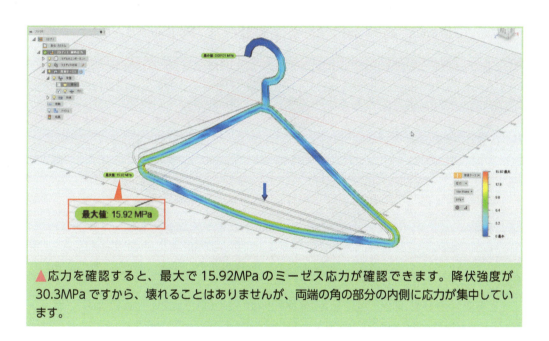

▲応力を確認すると、最大で 15.92MPa のミーゼス応力が確認できます。降伏強度が 30.3MPa ですから、壊れることはありませんが、両端の角の部分の内側に応力が集中しています。

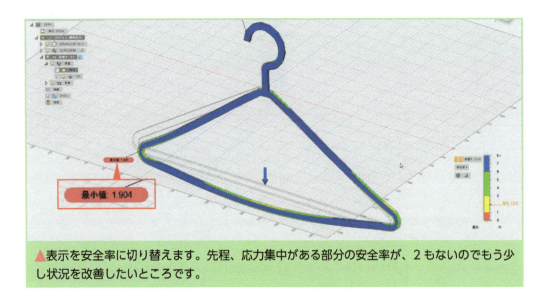

▲表示を安全率に切り替えます。先程、応力集中がある部分の安全率が、2もないのでもう少し状況を改善したいところです。

　さて、この状況を改善するにあたって、できれば材料も変えたくありません。もっと太くすれば強度が高まる可能性がありますが、使用する材料の量もあまり変えたくはありません。そうすると、形状の工夫によって剛性を高める必要があります。そこで、以下のように断面を長方形から円に変えてみます。

　元の断面は横 3mm、縦 8.4mm ですから、断面係数 Z は、35.28mm^3 になります。

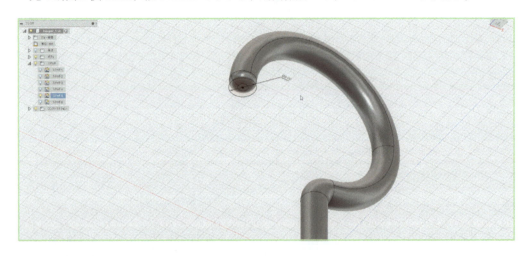

　この断面をほぼ同じ面積の円にすると直径が 8mm になります。円の断面係数は、

$$Z = \frac{\pi d^3}{32}$$

で表現できますので、50.24mm^3 とかなり大きなものになります。応力は緩和されるはずなので、この断面を用いて再度解析を実行してみます。

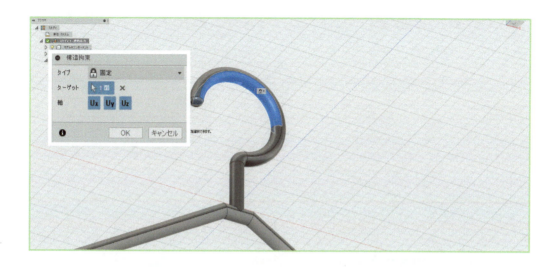

　解析にはあらかじめ作成してあるモデル形状を使用します。フックの内側上面が面分割してあるので、図に示す面に対して固定の荷重条件を与えます。

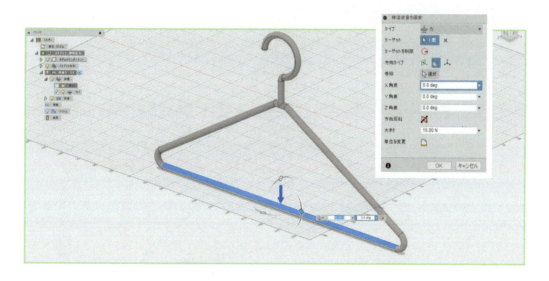

　また、横棒についても面分割してある上の面に対して15Nの荷重を載荷します。
　材料については、最初の解析と同様にポリプロピレンを定義します。以上で解析を再実行します。

まず変形の様子を確認します。今回もスケールは実寸にしています。

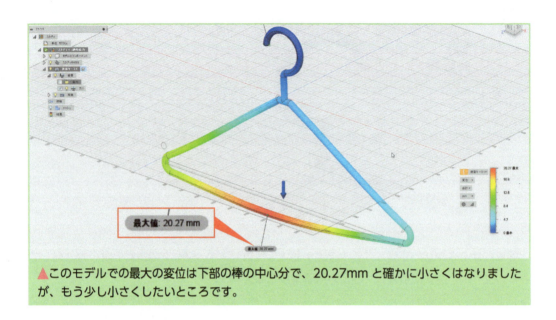

▲このモデルでの最大の変位は下部の棒の中心分で、20.27mm と確かに小さくはなりましたが、もう少し小さくしたいところです。

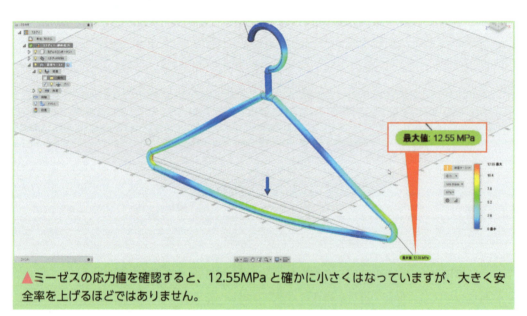

▲ミーゼスの応力値を確認すると、12.55MPa と確かに小さくはなっていますが、大きく安全率を上げるほどではありません。

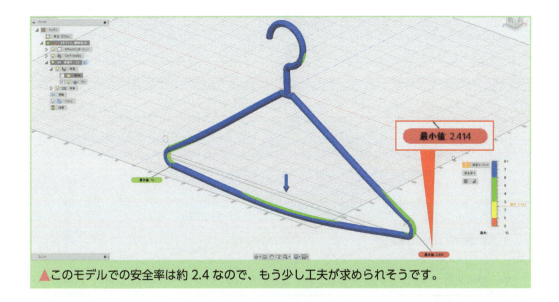

▲このモデルでの安全率は約 2.4 なので、もう少し工夫が求められそうです。

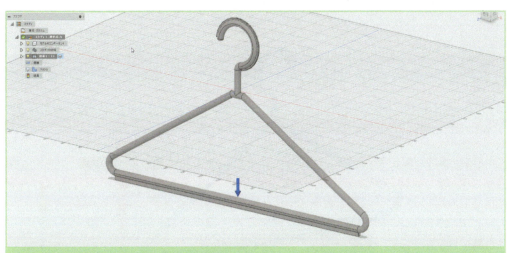

▲材料を全く増やさないというわけにはいかないので、形状の一部にリブを足す形で対応することにします。まず、横棒の下部に幅 4mm 高さ 4mm 程度のリブを、またフックの外側に幅 2mm 高さ 2mm 程度のリブを付け足しました。

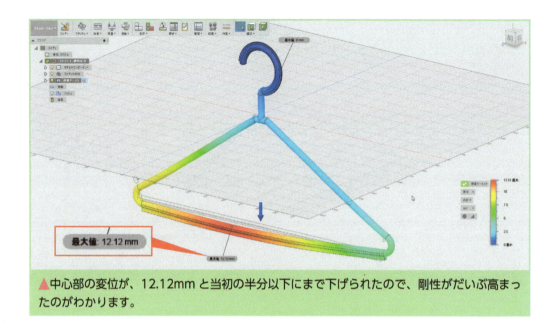

▲中心部の変位が、12.12mm と当初の半分以下にまで下げられたので、剛性がだいぶ高まったのがわかります。

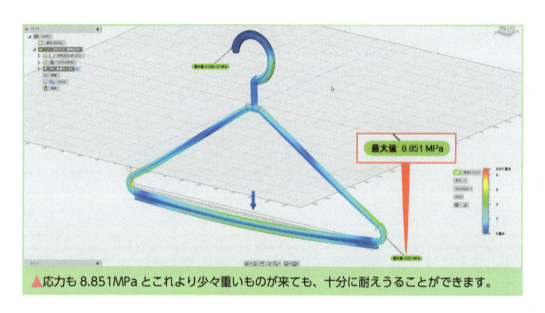

▲応力も 8.851MPa とこれより少々重いものが来ても、十分に耐えうることができます。

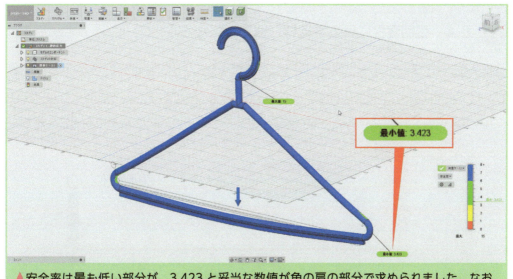

▲安全率は最も低い部分が、3.423 と妥当な数値が角の肩の部分で求められました。なお、今回の解析では、実際に服がかかる横棒とその両端に高い応力が出ていたのですが、実際にはフックの一部にも応力集中が発生しています。そのためフックの外側にもリブを足しました。

あまり、敏感になる必要はないかもしれませんが、繰り返し載荷されることにより壊れることは考えられますし、フックを物干し竿にかける代わりに、その先端を室内の鴨居にひっかけるなど、さまざまな使用状況が考えら得れるので、荷重条件を変えて試してみましょう。

5.4　強制変位に耐えるにはしなやかになろう

　多くの場合、パーツにかかる外力は「荷重」という形で与えられることが多いと思います。しかし、その一方で、直接的に荷重がかかるのではなく「強制変位」という形で、外力が与えられることがあります。前のレッスンで示したスナップフィットなどは、その典型的な例です。

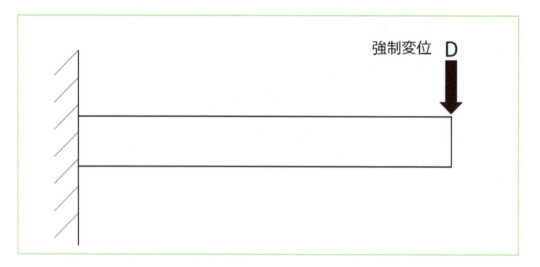

　パターンその1で示したものと全く同じ形状、固定条件の片持ち梁ですが、先端に荷重の代わりに下向きに強制変位（D）を与えます。今回の事例では下向きに2mmの強制変位を与えます。

▲なお、今回使用する材料は「合金鋼」とします。降伏強度は、250MPa、ヤング率は、205,000MPa です。

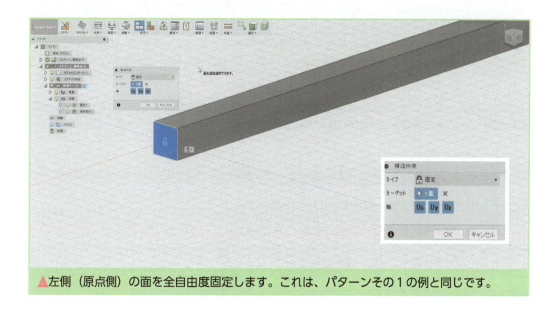

▲左側（原点側）の面を全自由度固定します。これは、パターンその1の例と同じです。

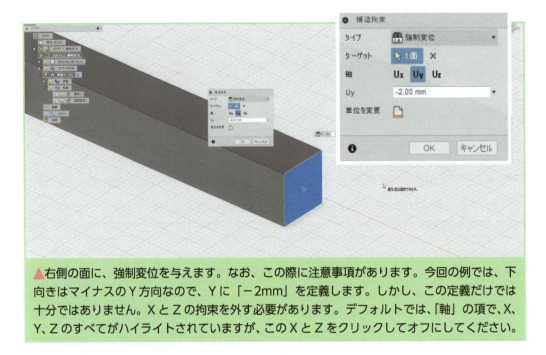

▲右側の面に、強制変位を与えます。なお、この際に注意事項があります。今回の例では、下向きはマイナスのY方向なので、Yに「−2mm」を定義します。しかし、この定義だけでは十分ではありません。XとZの拘束を外す必要があります。デフォルトでは、「軸」の項で、X、Y、Zのすべてがハイライトされていますが、このXとZをクリックしてオフにしてください。

　このチェックを忘れると、XとYには0mmすなわち固定の条件が与えられるため動きが不自然になり、また解析結果も不正確なものになります。

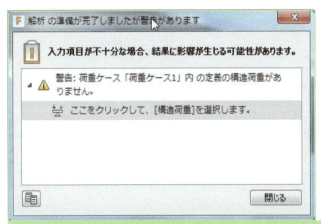

▲解析のプリチェックでは、構造荷重がないために警告が出ますが、これは予期されていることで、かつ解析上の問題はないので無視して、解析を実行します。

解析結果

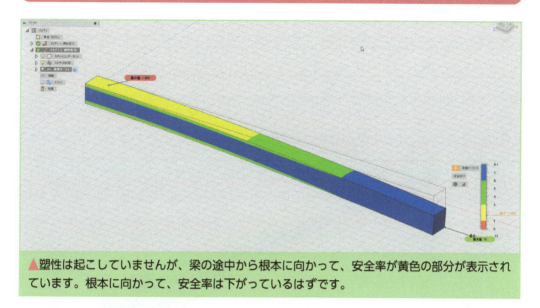

▲塑性は起こしていませんが、梁の途中から根本に向かって、安全率が黄色の部分が表示されています。根本に向かって、安全率は下がっているはずです。

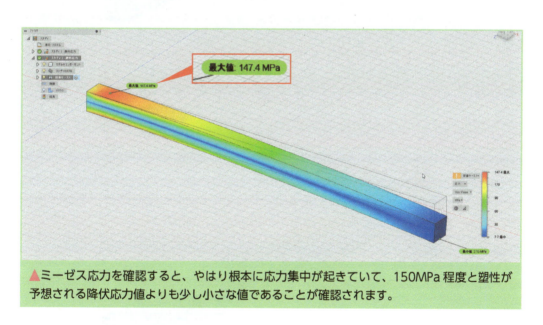

▲ミーゼス応力を確認すると、やはり根本に応力集中が起きていて、150MPa程度と塑性が予想される降伏応力値よりも少し小さな値であることが確認されます。

そこで改善を図りたいと思います。

5.4.1　改善案1

　荷重による応力の緩和を目指したパターンその1では、剛性を高めることで応力を小さくすることに成功しました。そこで、今回もまずその方向で形状を変えてみます。具体的には、断面の高さを10mmから20mmにしました。

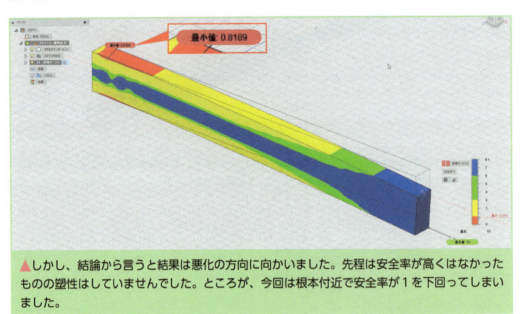

⚠️しかし、結論から言うと結果は悪化の方向に向かいました。先程は安全率が高くはなかったものの塑性はしていませんでした。ところが、今回は根本付近で安全率が1を下回ってしまいました。

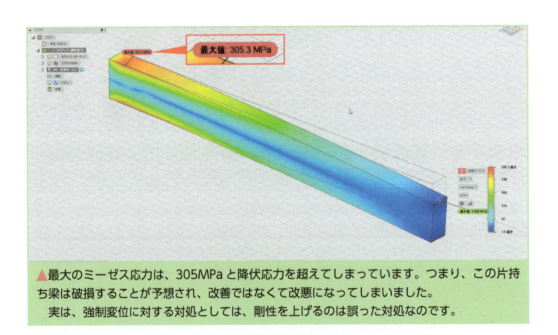

⚠️最大のミーゼス応力は、305MPaと降伏応力を超えてしまっています。つまり、この片持ち梁は破損することが予想され、改善ではなくて改悪になってしまいました。
　実は、強制変位に対する対処としては、剛性を上げるのは誤った対処なのです。

5.4.2　改善案2

剛性を上げたら結果が悪化したので、剛性を下げてみることにします。

材料を変えずに剛性を下げるには、断面2次モーメント、あるいは断面係数を小さくすればよいので、単純に縦の長さを元の 10mm から半分の 5mm に変更します。

▲結果として、安全率が黄色の部分はなくなり、すべて3以上の緑になっていることがわかります。

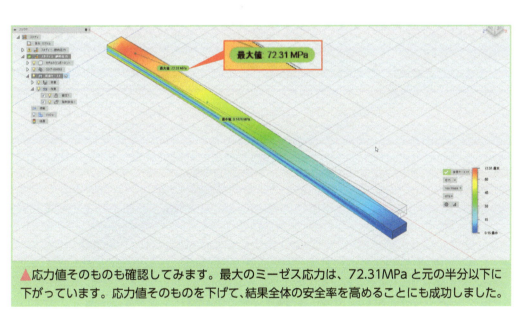

▲応力値そのものも確認してみます。最大のミーゼス応力は、72.31MPa と元の半分以下に下がっています。応力値そのものを下げて、結果全体の安全率を高めることにも成功しました。

5.4.3　改善案3

パターン1でも試してみましたが、材料の変更ではどうでしょうか。

例えば、アルミ7075に変更するということです。降伏応力は、145MPaと合金鋼よりも低い値になりますが、ヤング率も71,700MPaと剛性も低下します。

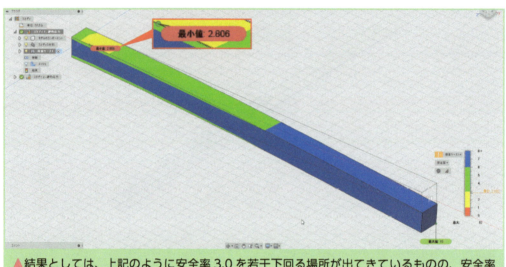

▲結果としては、上記のように安全率3.0を若干下回る場所が出てきているものの、安全率全体の分布としては改善しています。

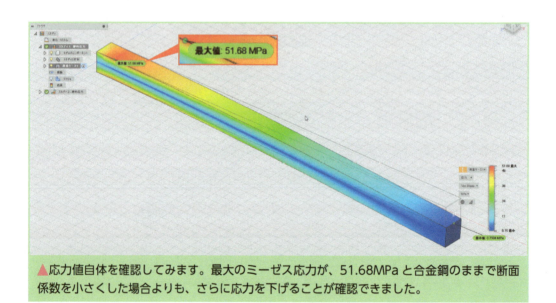

▲応力値自体を確認してみます。最大のミーゼス応力が、51.68MPaと合金鋼のままで断面係数を小さくした場合よりも、さらに応力を下げることが確認できました。

結論としては、強制変位が与えられる状況では剛性を下げることが有効ということです。

同じ形状、同じ拘束条件でも対処が逆である理由

さて応力緩和のパターン1とパターン2では、物体の形状や固定条件が同じであるにもかかわらず、外力を荷重として与えるのか、強制変位で与えるのかで、緩和のやり方が逆であることがわかりました。対応を間違えると結果が悪化することもわかります。

その理由を考えてみたいと思います。以下に梁のモデルをあらためて示します。

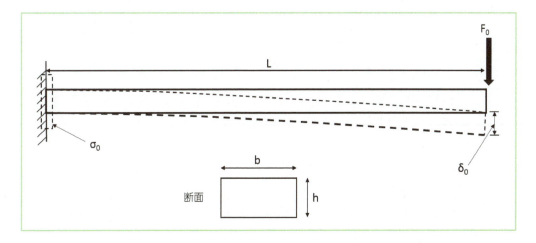

ここで、Lは梁の長さ、bは断面の横幅、hは断面の高さ、σ_0は梁の根本における応力、F_0か荷重、δ_0がたわみの量になります。また、この梁のヤング率はE、断面2次モーメントはIとします。

ここで、梁にかかる荷重と変位の関係は以下の式で表すことができます。

$$\delta_0 = \frac{F_0 L^3}{3EI} = \frac{F_0 L^3}{3E\left(\frac{bh^3}{12}\right)} = \frac{4F_0 L^3}{Ebh^3} \quad (式5.1)$$

この式を荷重と変位の関係に置き換えると以下の通りになります。

$$F_0 = k\delta_0 = \frac{Ebh^3}{4L^3}\delta_0 \quad (式5.2)$$

ここで、kは梁のばね定数です。したがって、kは以下の式で表現されます。

$$k = \frac{Ebh^3}{4L^3} \quad (式5.3)$$

ここで、応力と荷重の関係式を確認します。

$$\sigma_0 = \frac{M}{Z} = \frac{F_0 L}{I/\left(\frac{h}{2}\right)} = \frac{F_0 L}{\left(\frac{bh^3}{12}\right)/\left(\frac{h}{2}\right)} = \frac{6F_0 L}{bh^2} \qquad (\text{式} 5.4)$$

式 5.2 を式 5.4 に代入すると以下の式が得られます。

$$\sigma_0 = \left(\frac{6L}{bh^2}\right)\left(\frac{Ebh^3}{4L^3}\right)\delta_0 = \frac{3Eh}{2L^2}\delta_0 \qquad (\text{式} 5.5)$$

さて、ここで式 5.4 に着目してみます。パターン 1 のようにある荷重「F_0」がかかったときに求められる最大の応力値「σ_0」を小さくしようとすれば、梁の長さ L を小さく（短く）するか、または、h の値を大きくすることが有効であることがわかります。

次に、式 5.5 に着目してみましょう。パターン 2 のように、たわみ「δ_0」を強制変位としたときに求められる応力値「σ_0」の値を小さくしようとすれば、梁の長さ L を大きく（長く）するか、または、h を小さくすれば良いことがわかります。また、分子にヤング率 E があることから、ヤング率を低減することで応力値が下がることもわかります。

まさに荷重で制御するか、強制変位で制御するかで応力に対する L と h の値が逆であることがわかると思います。今回のパターン 1 とパターン 2 では、L の値は固定されており、h で応力を制御しましたが、上記の理由からなぜ対応策が逆になったのかがわかると思いますし、パターン 1 ではヤング率を変えても応力値が変わらなかったのに対して、パターン 2 では、アルミに変えたことでヤング率が変わったら応力値も如実に変化したのかがわかると思います。

このことを理解してうえで、レッスン 4 のスナップフィットの改善を自分なりに試してみてください。

強制変位で扱うことができる問題はほかにもあります。例えばパイプをパイプホルダーに圧入する問題や、薄い樹脂製のブラインドの羽のような非常に変形量が大きい物体の挙動は荷重よりも強制変位の量で計算を制御する方が適切です。

5.5 応力集中には形状で対抗-1：角をなくそう

　実際のパーツに荷重をかけると、どうしても応力集中そのものを避けることは困難です。しかし、その応力集中ゆえに、パーツの破壊に至る可能性があるのであれば、なんとか避けなければなりません。一般に応力集中は直角等の「角」の部分に発生します。もちろん、3D CADの形状と違って現実のパーツには厳密な意味での「角」は存在していません。しかし、限りなく鋭い形状であれば、そこに応力が集中する可能性があります。そこで、このような場合の応力集中に対処する方法を考えたいと思います。

　今回はこのようなL字金具を考えてみます。なお、板の肉厚は1.5mmとします。

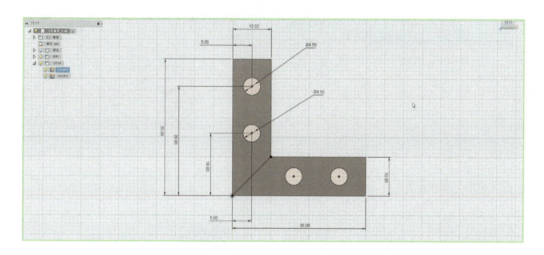

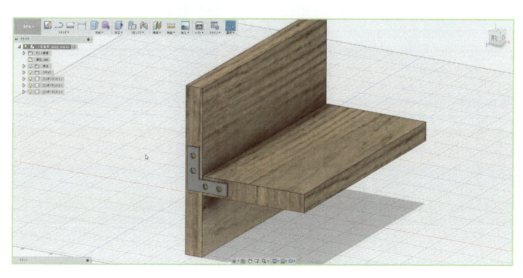

用途としてはこのように縦の板に対して横板を固定する際などに使用することなどが考えられます。今回はこのような片持ち梁のようなものではなく両側に縦板のある本棚のようなものを考えてみます。必要に応じて「example_5-5.f3d」をダウンロードしてください。

ファイルをダウンロードして内容を確認したら、早速、静的応力解析でシミュレーション環境に移動します。

> 本解析対象パーツの3Dモデルデータ「example_5-5.f3d」は、ダウンロードサービスページからダウンロードしてください。ダウンロードサービスのURLは、本書冒頭p.10のダウンロード案内を参照してください。

材料には、これまでもよく使用してきている合金鋼を指定してください。

拘束条件を定義します。

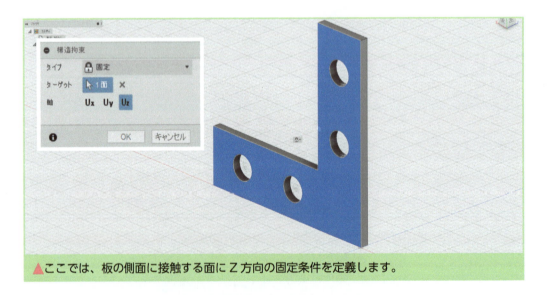

▲ここでは、板の側面に接触する面にZ方向の固定条件を定義します。

ネジがハマる穴で、図の縦の穴についての内側の側面全周に対してX方向、Y方向の自由度を固定する条件を指定します。

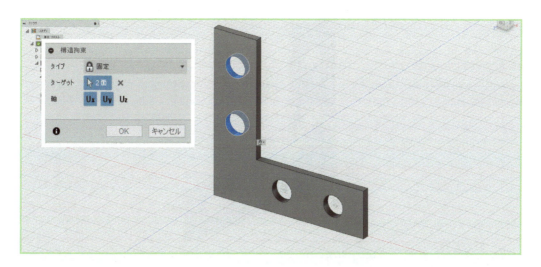

荷重条件は、横の2つの穴に定義しますが、ネジが真下（マイナスのY方向）に押すことを想定して、軸受荷重を指定し、マイナスのY方向に50Nの荷重をかけます。これは本棚の棚板1枚にかかる最大の荷重を約20Kgと想定します。片側で10Kgを受けることになり、さらに穴が2つあるので、1つの穴で5Kgです。そこで約50Nと想定しました。

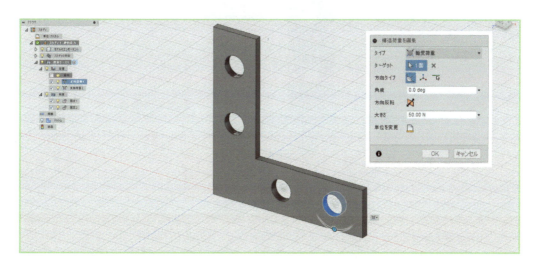

同じ条件で、もう1つの穴に定義します。解析条件の設定を確認したら解析を実行しましょう。

解析結果

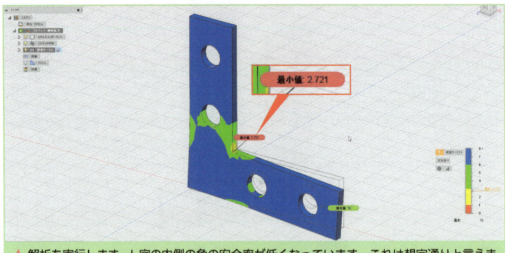

▲解析を実行します。L字の内側の角の安全率が低くなっています。これは想定通りと言えます。ただし、3.0に近い値ですので、少しの改善でなんとかなりそうです。

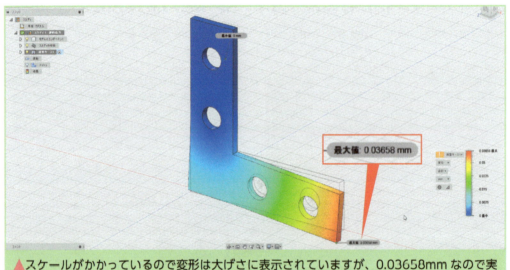

▲スケールがかかっているので変形は大げさに表示されていますが、0.03658mmなので実際にはそれほど大きくたわんでいるわけではありません。

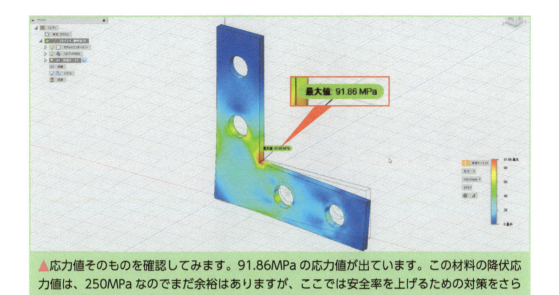

▲応力値そのものを確認してみます。91.86MPaの応力値が出ています。この材料の降伏応力値は、250MPaなのでまだ余裕はありますが、ここでは安全率を上げるための対策をさらにとってみます。

▶ 5.5.1　対応策1

ここでは角に面取りを施してみます。面取りの長さは5mmです。

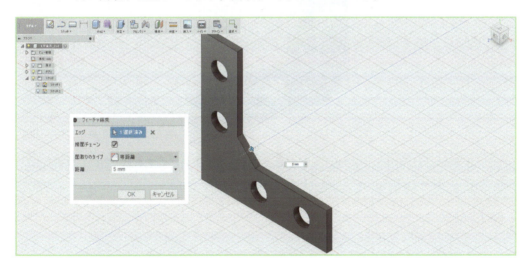

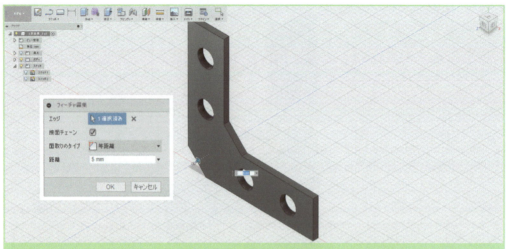

▲さらに、外側の角も同じく 5mm の長さで面取りをしてみます。斜めの部分と、垂直、または水平の面との間にまだ角はありますが、より緩やかに面がつながります。

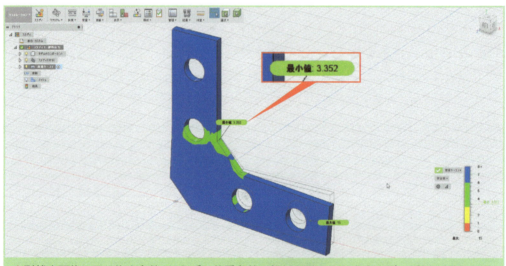

▲形状変更後に同じ拘束条件、ならびに荷重条件で解析を進めると安全率が一番低い場所でも、3.352 と 3 を超えてきて、要件を満たすようになりました。

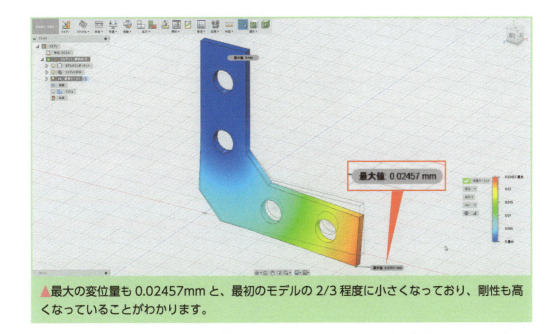

▲最大の変位量も 0.02457mm と、最初のモデルの 2/3 程度に小さくなっており、剛性も高くなっていることがわかります。

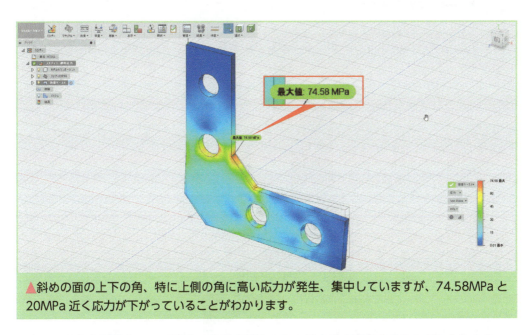

▲斜めの面の上下の角、特に上側の角に高い応力が発生、集中していますが、74.58MPa と 20MPa 近く応力が下がっていることがわかります。

ちょっとした面取り一つで応力の分布や値そのものが大きく変化することがわかります。

▲形状変更後の板への取り付けも問題がなさそうです。

▶ 5.5.2　対応策2

　面取りの代わりにフィレットをかけることもできます。フィレットの場合の結果を確認してみましょう。

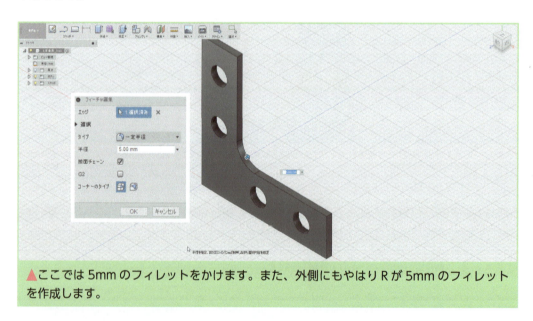
▲ここでは5mmのフィレットをかけます。また、外側にもやはりRが5mmのフィレットを作成します。

　また、応力の絶対値を確認することは重要ですが、その分布も重要です。応力の分布を考えながら、できるだけ応力集中の起きにくい形状を考えてみましょう。

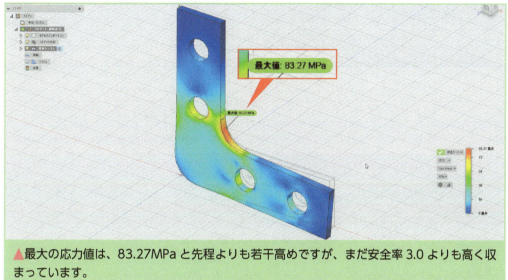

▲最大の応力値は、83.27MPaと先程よりも若干高めですが、まだ安全率3.0よりも高く収まっています。

▶ 5.6　応力集中には形状で対抗-2：断面急変を避けよう

　先程と似たような例ですが、やはりここでも形状を変えることでどのように応力を軽減できるかを考えてみたいと思います。直径25mmと直径15mmの2つの太さの棒からなっています。

本解析対象パーツの3Dモデルデータ「example_5-6.f3d」は、ダウンロードサービスページからダウンロードしてください。ダウンロードサービスのURLは、本書冒頭p.10のダウンロード案内を参照してください。

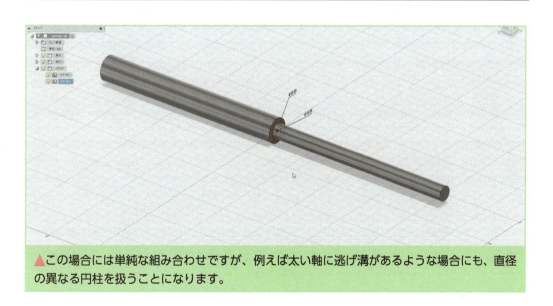

▲この場合には単純な組み合わせですが、例えば太い軸に逃げ溝があるような場合にも、直径の異なる円柱を扱うことになります。

▲今回のモデルの材料には、アルミ7075（ヤング率71,700MPa、降伏応力145MPa）を使用します。

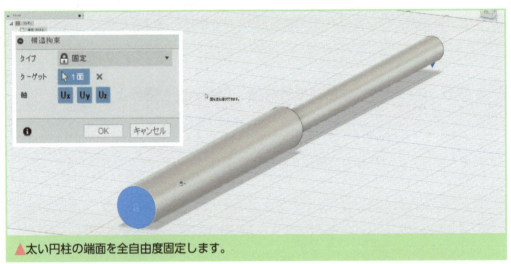

▲太い円柱の端面を全自由度固定します。

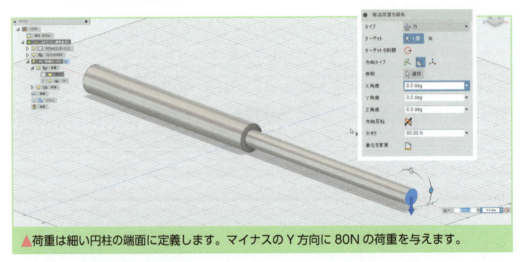

▲荷重は細い円柱の端面に定義します。マイナスのY方向に80Nの荷重を与えます。

解析に必要な条件は以上です。

解析結果を確認してみます。

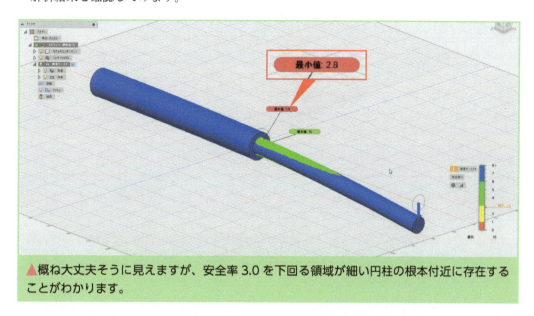

▲概ね大丈夫そうに見えますが、安全率3.0を下回る領域が細い円柱の根本付近に存在することがわかります。

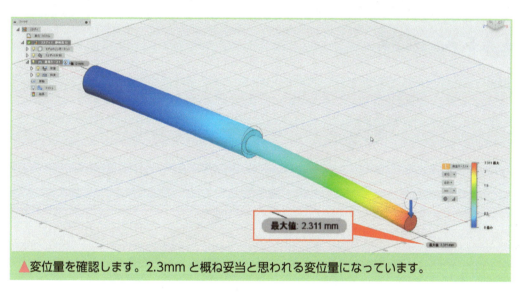

▲変位量を確認します。2.3mmと概ね妥当と思われる変位量になっています。

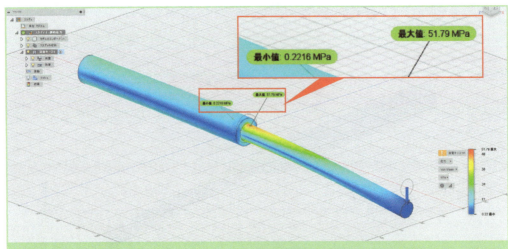

▲肝心の応力値を確認してみます。ミーゼスの最大値が 51.79MPa となっています。安全率は 3 をやや下回っているくらいなので、この応力集中をうまく解消してやることで安全率を 3.0 に以上にできると想定されます。

▶ 5.6.1 対策案

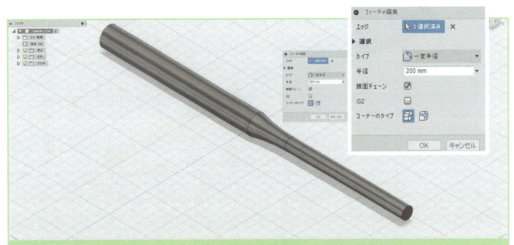

▲先程の解析（パターンその 3）からも断面の急変部に応力が集中することがわかります。断面急変を避けるためにフィレットを使います。ここでは、太い円柱と細い円柱が交わるエッジに、半径が 200mm のフィレットをかけます。

解析を実行します。

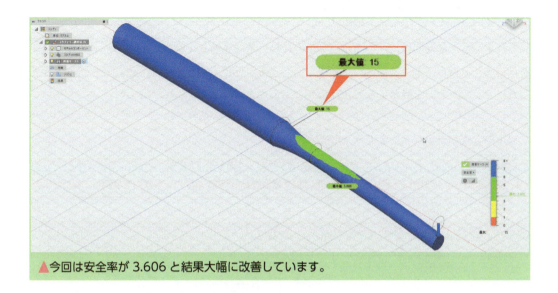

▲今回は安全率が 3.606 と結果大幅に改善しています。

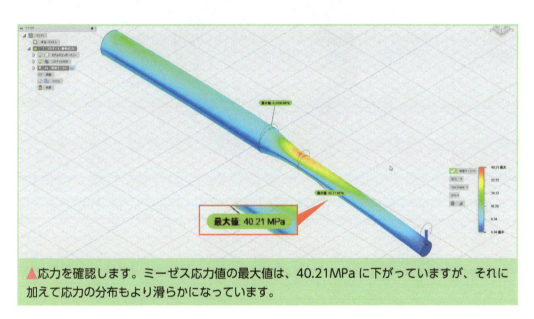

▲応力を確認します。ミーゼス応力値の最大値は、40.21MPa に下がっていますが、それに加えて応力の分布もより滑らかになっています。

5.7　荷重には荷重で抵抗

　これまで見てきた例では、応力が高い場合には、形状を変えて剛性を高める、あるいは剛性を低めたり、場合によっては材料を変更したりすることで応力を小さくすることを試みてきました。しかし、応力を軽減する方法はほかにもあります。

　以下のようなモデルを考えてみましょう。

> 本解析対象パーツの 3D モデルデータ「example_5-7.f3d」は、ダウンロードサービスページからダウンロードしてください。ダウンロードサービスの URL は、本書冒頭 p.10 のダウンロード案内を参照してください。

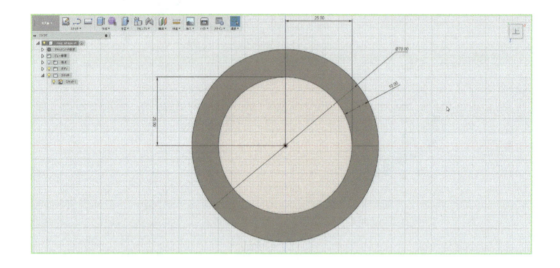

　外径 70mm、肉厚 10mm、高さ 10mm のリング状の型枠の内面に 20MPa の内圧がかかっているものとします。

　この問題は非常に簡単なモデルですが、大きな内圧のかかる型の応力軽減などに使うことができます。

　それでは、解析モデルを考えてみましょう。

解析モデルの作成

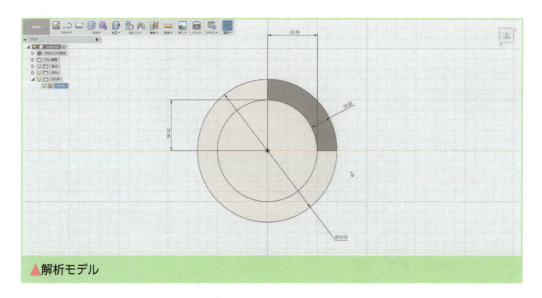

▲解析モデル

　この板は左右上下対象でもあるので、1/4 だけモデル化しれば OK です。穴あき平板の際の考え方と同じです。

材料物性の定義

モデル化ができたら、材料物性を定義します。

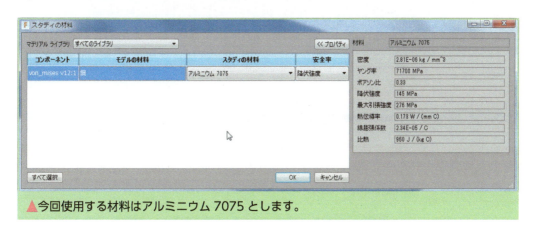

▲今回使用する材料はアルミニウム 7075 とします。

拘束条件の作成

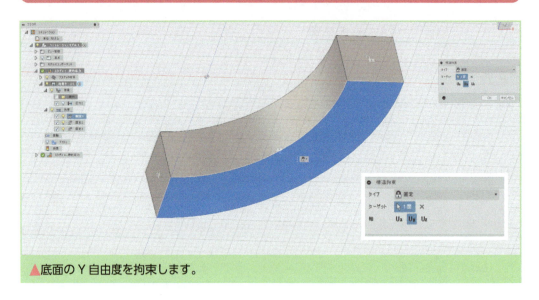

▲底面の Y 自由度を拘束します。

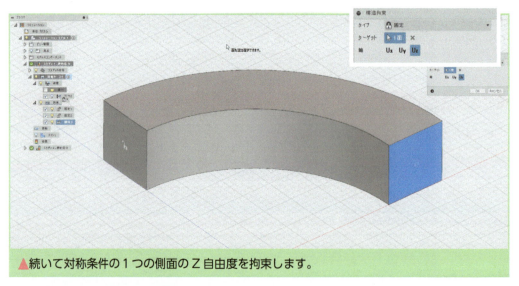

▲続いて対称条件の 1 つの側面の Z 自由度を拘束します。

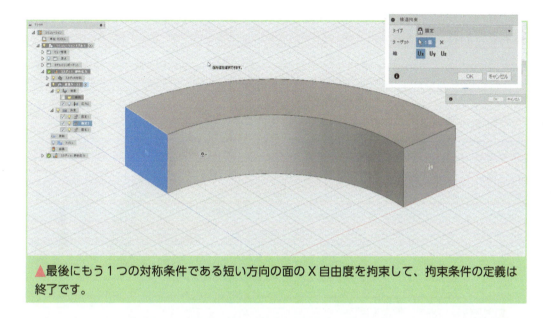

▲最後にもう1つの対称条件である短い方向の面のX自由度を拘束して、拘束条件の定義は終了です。

荷重条件の定義

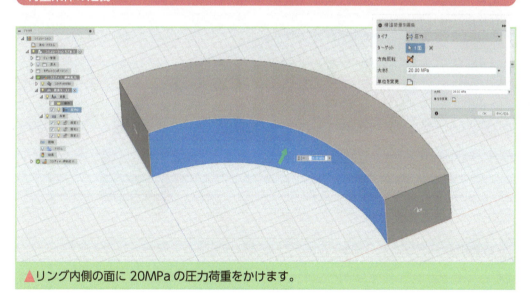

▲リング内側の面に20MPaの圧力荷重をかけます。

与える荷重条件は以上になります。

解析結果の確認

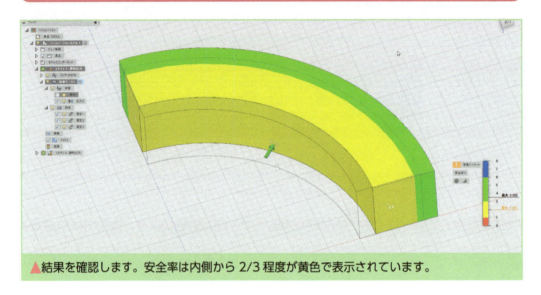

▲結果を確認します。安全率は内側から 2/3 程度が黄色で表示されています。

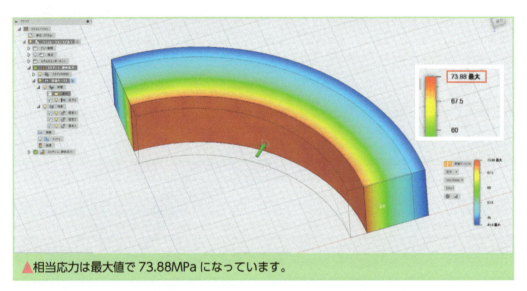

▲相当応力は最大値で 73.88MPa になっています。

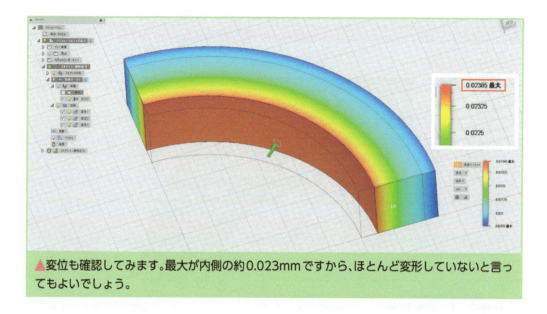

▲変位も確認してみます。最大が内側の約0.023mmですから、ほとんど変形していないと言ってもよいでしょう。

▶ 5.7.1 改善案

さて、全体の応力値を下げて安全率を3以上にしたいと思いますが、今回は材料も変えずに、かつ形状もまったく変更せずに、「別方向に荷重を与える」ということを考えてみます。

元々載荷していた20MPaの荷重はそのままです。しかし、今回はリングの外側の面から7MPaの圧力を内側に向けてかけてみます。

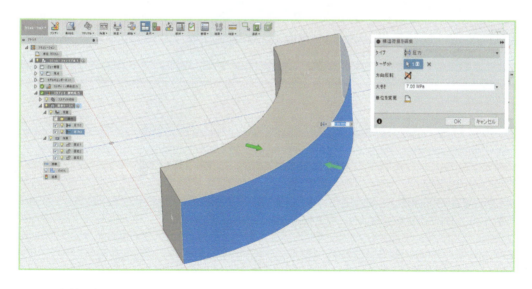

この条件で解析を実行します。

解析結果の確認

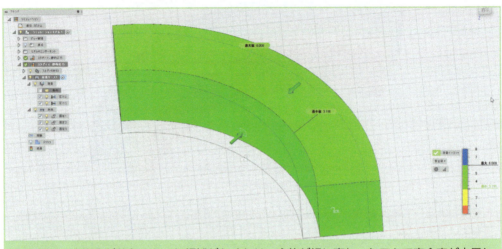

▲先程は、安全率が黄色であった領域がなくなり、全体が緑に変わったことで安全率が上昇したことがわかります。

応力を確認してみましょう。

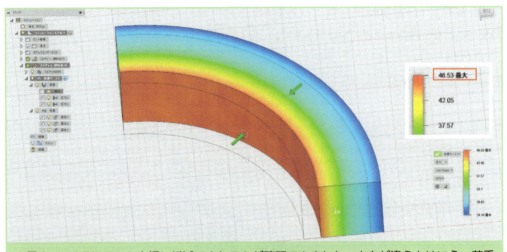

▲最大で 46.53MPa と大幅に低減できたことが確認できました。方向が違うとはいえ、荷重をさらにかけたのに応力が小さくなる理由は何なのでしょうか？

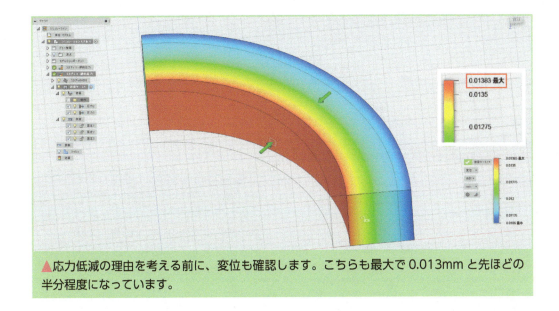

▲応力低減の理由を考える前に、変位も確認します。こちらも最大で 0.013mm と先ほどの半分程度になっています。

5.8 荷重対荷重で応力を低減できる理由

なぜ、応力を低減できたのでしょうか。これには、応力の評価にミーゼスの相当応力を使用していることに鍵があります。それぞれの方向から大きな荷重がかかっているわけですから、各垂直応力のコンポーネントがゼロになってしまうことはありません。

これらの応力等の値をまとめて確認する方法があります。それがレポート機能です。

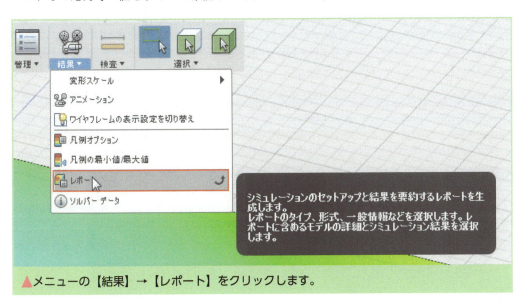

▲メニューの【結果】→【レポート】をクリックします。

◀このようにレポート設定のダイアログが表示されます。今回は、同じモデルで2つのスタディを作りましたので、比較のため両方出力しますので、スタディ1とスタディ2の両方にチェックマークが入っていることを確認してください。

「保存」ボタンを押すとHTML形式でファイルが保存されます。保存されたらそのファイルを適当なウェブブラウザで開きます。

レポートの中で着目したいのが応力の表です。以下は表の一部を抜き出したものです。

スタディ1は以下のようになっています。

安全率		
ボディ単位	1.963	3.503
応力		
Von Mises	41.4 MPa	73.88 MPa
最大主応力	41.48 MPa	62.02 MPa
最小主応力	-20.22 MPa	0.09894 MPa
法線 XX	-20.07 MPa	61.87 MPa
法線 YY	-0.1858 MPa	0.4927 MPa
法線 ZZ	-20.22 MPa	61.71 MPa
せん断 XY	-0.1082 MPa	0.08893 MPa
せん断 YZ	-0.1254 MPa	0.1067 MPa
せん断 ZX	-0.1153 MPa	40.67 MPa

垂直応力のXやZの成分と比較して、Yの成分が小さく、またせん断もZXの成分を除いて相対的にかなり小さな数値であることがわかります。

これらの各コンポーネントの値や最大と最小の値の差分と、ミーゼスの応力値をよく覚えておいてください。

続いて、スタディ2の結果一覧を確認してみたいと思います。

安全率		
ボディ単位	3.116	6.008
応力		
Von Mises	24.14 MPa	46.53 MPa
最大主応力	19.94 MPa	33.41 MPa
最小主応力	-20.16 MPa	-6.774 MPa
法線 XX	-20.05 MPa	33.31 MPa
法線 YY	-0.1247 MPa	0.4149 MPa
法線 ZZ	-20.16 MPa	33.17 MPa
せん断 XY	-0.089 MPa	0.06811 MPa
せん断 YZ	-0.1162 MPa	0.1007 MPa
せん断 ZX	-0.06709 MPa	26.42 MPa

こちらの結果はどうでしょうか。

ここで着目したいのが、最大主応力や、X と Z の垂直応力（法線 XX、ZZ）とせん断 ZX です。どれも値が半分になっています。

ここでミーゼス応力の定義をあらためて思い出してみましょう。

$$\sigma_{vm} = \sqrt{\frac{1}{2}\{(\sigma_{xx}-\sigma_{yy})^2+(\sigma_{yy}-\sigma_{zz})^2+(\sigma_{zz}-\sigma_{xx})^2+3(\tau_{xy}^2+\tau_{xz}^2+\tau_{yx}^2+\tau_{yz}^2+\tau_{zx}^2+\tau_{zy}^2)\}}$$

この式に、スタディ2の値を入れると、垂直応力の $\sigma_{xx}-\sigma_{yy}$ や $\sigma_{yy}-\sigma_{zz}$、τ_{xz} と τ_{zx} の値がスタディ1の半分になることがわかります。さらに言えば、σ_{yy} が σ_{xx} や σ_{zz} と同じくらいになるような荷重をかけてやれば、さらにミーゼス応力が下げられることがわかります。

このようにミーゼスの相当応力の特徴をうまく使うことで、ミーゼス応力で評価することが適切な材料であれば（靭性の高い材料など）の応力低減に活かすことができます。

参考

このようなケースでは実際には、外から荷重をかけるのではなくて、周囲に枠をはめるような圧入の形を取ることになると思います。Fusion360 では圧入の接触条件が定義できないので、クリアランスゼロで周囲に剛性の高い材料で配置し、スタディ1と同じ条件で解析してみます（なお接触条件については次のレッスンで扱います）。

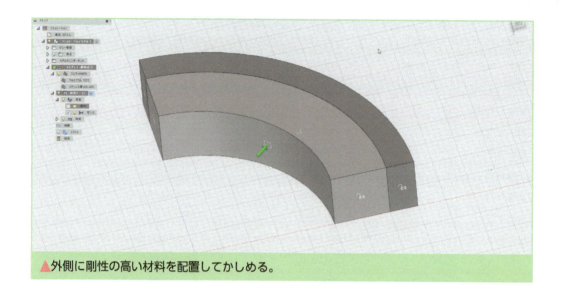
▲外側に剛性の高い材料を配置してかしめる。

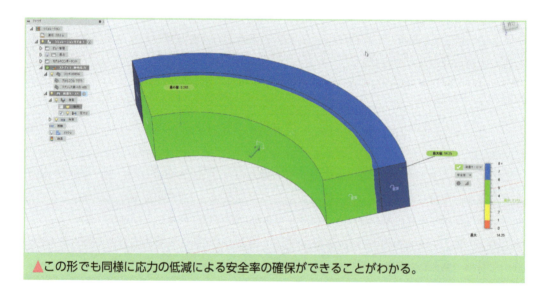
▲この形でも同様に応力の低減による安全率の確保ができることがわかる。

　最後に、このレッスンのまとめに、エクササイズを行います。どれも少し問題のあるモデルが用意してあります。どのようにしたら改善できるかをFusion360でシミュレーションしながら考えてみましょう。1つの正解があるわけではありません。優先するものによって対応策は変わります。想定と違うということも出てくるかもしれませんが、それも含めてのエクササイズです。

演習問題 5-1

アタッシェケースの蓋に見立てた形状の上面に約 50kg 重の荷重を載荷します。

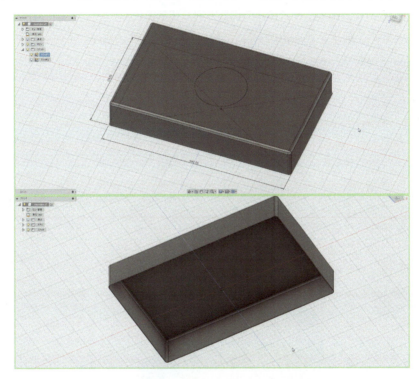

縦 270mm、横 440mm で高さは 70mm です。肉厚は 1.5mm で下側が空いています。また、載荷の都合上、上面中央に直径 120mm の円で面分割をしています（このように分割しなくても、Fusion360 では荷重がかかる領域を絞ることができますが、ここではほかの条件でも同様になるように面分割をしています）。材料は、アルミ 6061 とします。モデルは上記の寸法で作成するか、exercise_5-1.f3d を使用してください。

> 本解析対象パーツの 3D モデルデータ「exercise_5-1.f3d」は、ダウンロードサービスページからダウンロードしてください。ダウンロードサービスの URL は、本書冒頭 p.10 のダウンロード案内を参照してください。

ステップ1

丸く分割した面に対して、50kg 重の荷重をかけた時にどのくらいたわむのか、またそのときの応力を求めてください。拘束条件は上手くいくように任意でつけてください。

ステップ2

たわみ量（変位量）を少しでも減らすように形状を改善してください。なお、応力は降伏していなければ OK です。

演習問題 5-2

ある筐体の一部を想定した形状です。その底面から位置決めボスが伸びていますが、壁面との距離が近いために、図のように筐体の内側方向に強制変位をかけると、安全率はまだ1を超えているものの、筐体まで一緒に内側にたわんでしまいます。底面は完全拘束しています。

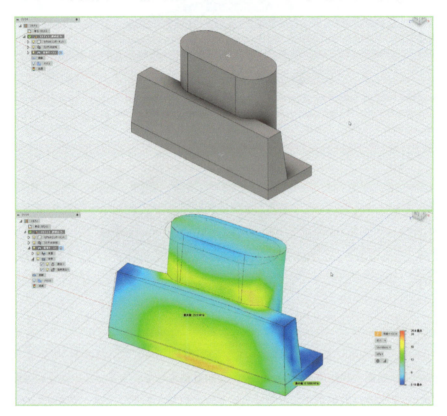

ステップ1

底面を完全固定、ボスの上面（オーバル型の面）に強制変位をZ方向に−1.5mmかけて応力計算をして上の結果を再現してください。応力の値は、最大で25.6MPaになっています。材料は、PC/ABSとします。

> 本解析対象パーツの3Dモデルデータ「exercise_5_2.f3d」は、ダウンロードサービスページからダウンロードしてください。ダウンロードサービスのURLは、本書冒頭p.10のダウンロード案内を参照してください。

ステップ2

ボスの変形が壁面に及ばないようにするように形状を変更してください。応力値は、安全率が1.0より下に下がらない限り気にしなくてかまいません。

LESSON 6

アセンブリ解析と接触の取扱い

LESSON 6 アセンブリ解析と接触の取扱い

　実際の製品はさまざまなパーツの組み合わせからなるアセンブリです。単品のパーツの応力解析にとどまらず、複数のパーツをまとめてアセンブリとして取り扱いたいというケースも少なくないと思います。そのようなアセンブリを扱う際に避けて通れないのが、パーツ間の「接触」です。解析したい対象となるパーツは1つであっても個別のパーツのみで解析しようとすると、どのような拘束条件や荷重条件を与えたらよいのかわかりにくいということもあるかもしれません。また、パーツ同士の相互の影響を確認しながら解析を進めたいという場合もあるかもしれません。そのような場合には、アセンブリ解析が有効です。

　静的応力解析においては、解析のセットアップに際して注意すべきポイントは、単品のパーツであっても、アセンブリであっても基本的には同じです。しかし、アセンブリ特有の条件もあります。それが「接触」です。接触は、パーツとパーツが接している部分に適用する条件で、この条件を定義しない限り、Fusion360はパーツが接触しているとは認識しません。
　また、接触条件もさまざまです。パーツとしては別でも完全に固着しているような条件もあれば、スライドするような場合もあります。それらの条件を実物に沿って適切に定義することで、精度の高い解析を進めることができます。本レッスンでは、接触の設定方法や、接触の種類を理解して精度の高いアセンブリ解析を行うことを目指します。

6.1　接触条件について

　アセンブリ解析を進める前に「接触」についての理解を深めたいと思います。単品のパーツの解析とアセンブリの解析の大きな違いは接触条件の定義です。Fusion360では、接触条件についてもいくつかの種類を用意しています。どの接触条件を用いるかで解析結果は大きく異なります。現実の状況を考えて適切な条件を設定することが必要です。以下にそれぞれの条件を説明します。

接触の種類	定義
接着	物体どうしが接着されたように挙動し、分離することはできません。
分離	物体どうしは別々に挙動し、分離したり、お互いをスライドしたりできます。また、摩擦係数を定義することで摩擦を考慮することができます。
スライド	物体どうしはお互いに分離はできませんが、お互いをスライドすることができます。
粗い	物体どうしは別々のものとして挙動しますが、非常に高い摩擦係数を持ったように挙動します。
オフセット接着	実際には接触していないものを接触したとして扱えます。製造を意識して隙間を作りこんである場合などにも使えます。

184

それでは、これらの条件をもう少し具体的に見ていきましょう。解析モデルとしては、以下のような2つの直方体が隣り合って配置されていて、床面に固定されているとします。

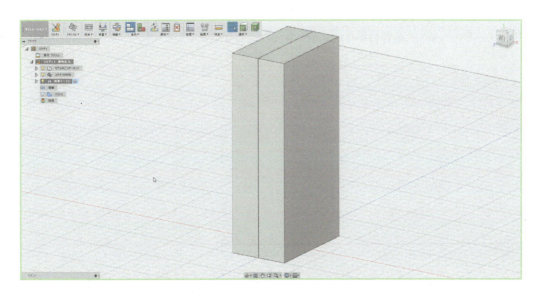

また、荷重については、2つのケースを考えます。1つは左側の直方体のエッジに対して右方向に対して荷重（荷重条件1）を適用します。なお、この荷重ケースのみではわかりにくい条件があるので、左側の直方体の上面に斜め方向から下向きに荷重をかけるケースも考えます（荷重条件2）。

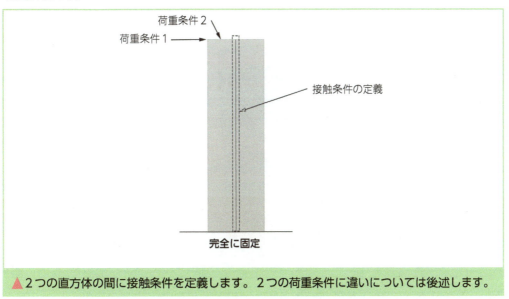

▲2つの直方体の間に接触条件を定義します。2つの荷重条件に違いについては後述します。

接着

サマリー表の中に記述してある通り、2つの物体の接触面は完全に接着されているような状態です。そのため、直方体の厚さが2倍になったような挙動をします。

▲Fusion360ではデフォルトの条件が接着なので、自動で接触条件を定義する場合には、最初は必ず接着になります。

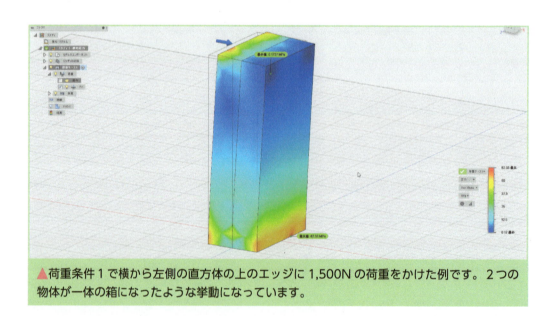

▲荷重条件1で横から左側の直方体の上のエッジに1,500Nの荷重をかけた例です。2つの物体が一体の箱になったような挙動になっています。

分離

　サマリー表で示したように、お互いの接触は感知するものの変形の状況に応じてお互いが分離したり、スライドしたりすることができます。

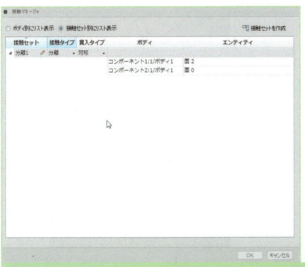

▲接触タイプをデフォルトの「接着」から「分離」に変更します。

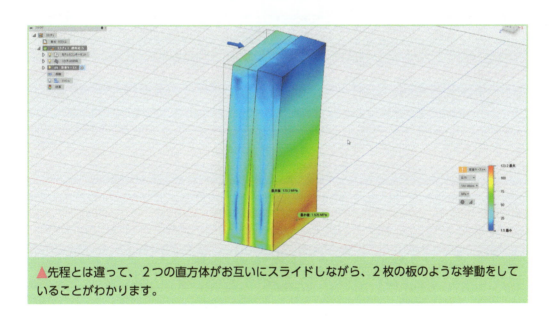

▲先程とは違って、2つの直方体がお互いにスライドしながら、2枚の板のような挙動をしていることがわかります。

スライド

　スライドは、荷重条件1の場合には、分離の場合と比較しても大きな変化を起こさないので、荷重条件2のように斜め上から押しつぶすような荷重を定義します。

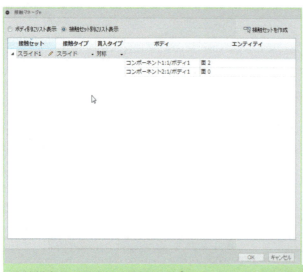

▲接触条件の設定は、接触タイプを「スライド」に設定するだけです。

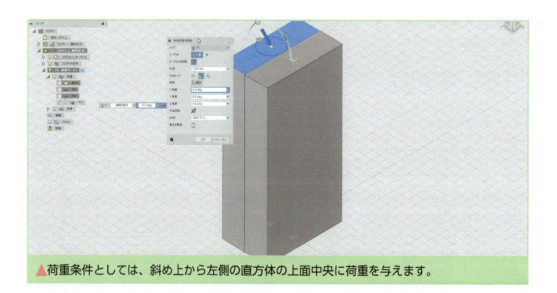

▲荷重条件としては、斜め上から左側の直方体の上面中央に荷重を与えます。

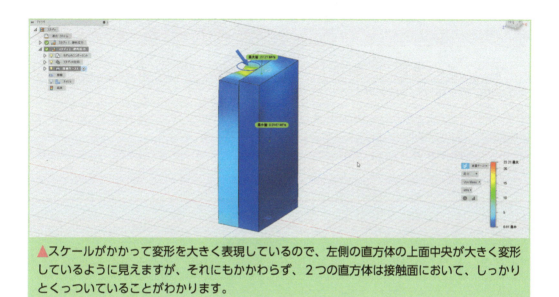

▲スケールがかかって変形を大きく表現しているので、左側の直方体の上面中央が大きく変形しているように見えますが、それにもかかわらず、2つの直方体は接触面において、しっかりとくっついていることがわかります。

ちなみに、以下は分離の条件で解析を行った例です。

▲上面の変形の状況は似たようなものになっていますが、分離が許されているので、中央が分離して左方向に膨らんでいることがわかります。

粗い

　非常にざらざらした面どうしが接触しているようなもので、別の言い方をすれば、非常に大きな摩擦係数を持った分離と考えてもよいでしょう。

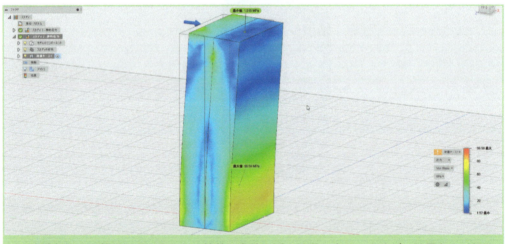

▲ 荷重条件1で解析してみました。接着の条件に近い結果も出ていますが、結果をより細かくみていくと分離の条件で解析されていることがわかります。応力値を確認してみると、接着よりは大きな値になっていますが、分離よりは小さい値です。

オフセット接着

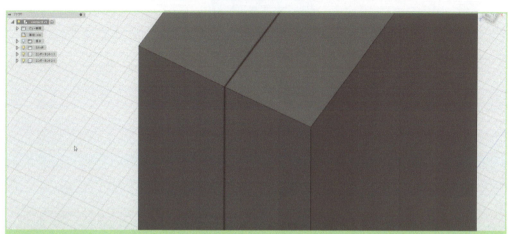

▲最後にこのように隙間がある場合の接触を考えてみます。モデリングの際に加工を考えてこのような隙間を作りこんでいるがあるかもしれません。そのような場合でも接触しているとみなすことができます。

▲ 接触条件の定義の際に、接触タイプが「オフセット接着」になっていることに注意してください。なお、接触セット名の最初に表示されている［M］は手動で接触セットを作る際に表示されます。

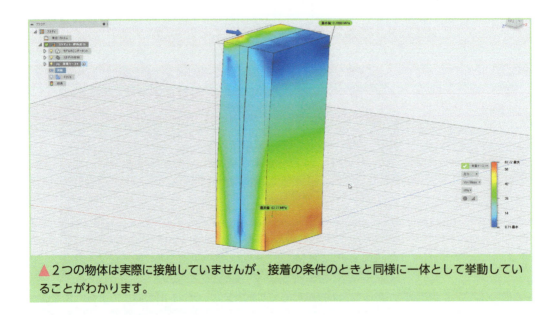

▲2つの物体は実際に接触していませんが、接着の条件のときと同様に一体として挙動していることがわかります。

▶ 6.2　接触条件を使ってアセンブリ解析をやってみよう

　それでは、実際にアセンブリ解析にトライしてみます。3つのパーツからなるアセンブリで、ジョイントの軸に引張りの荷重がかかる状況を想定します。

> 本解析対象パーツの3Dモデルデータ「example_6-2.f3d」は、ダウンロードサービスページからダウンロード可能です。ダウンロードサービスのURLは、本書冒頭 p.10 のダウンロード案内を参照してください。

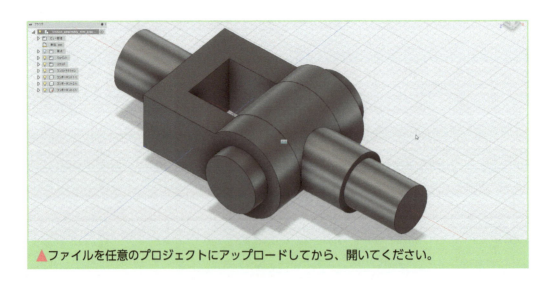

▲ファイルを任意のプロジェクトにアップロードしてから、開いてください。

CADモデルとしてのアセンブリについては、あらかじめモデル上で設定されています。

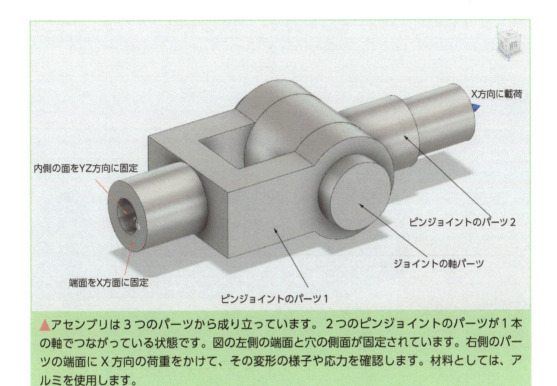

▲アセンブリは3つのパーツから成り立っています。2つのピンジョイントのパーツが1本の軸でつながっている状態です。図の左側の端面と穴の側面が固定されています。右側のパーツの端面にX方向の荷重をかけて、その変形の様子や応力を確認します。材料としては、アルミを使用します。

ステップ1　アセンブリの状況の確認

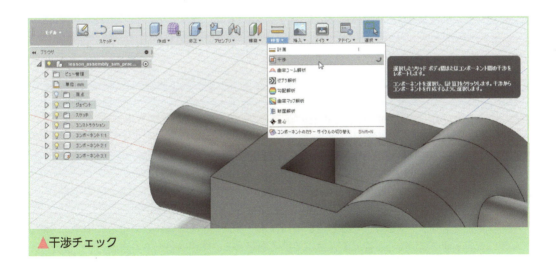

▲干渉チェック

アセンブリモデルを解析する前に、モデル環境で干渉状態のチェックをします。今回のモデルの場合には理想的な状態、つまり隙間なくぴったりと合わさっている状態で作っています。干渉している部分はないはずで、隙間もありません。解析で接触条件を与える際、モデリング時に適切にアセンブルされている必要があるので、必ず干渉については確認しておきます。

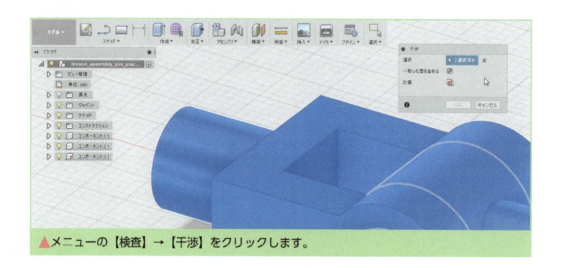

▲メニューの【検査】→【干渉】をクリックします。

アセンブリに含まれる3つのコンポーネントすべてを選択し、「一致した面を含める」にもチェックを入れてください。隙間なくピッタリと合わさった面は厳密な意味での干渉ではありませんが、実際の物理的なモデルでは、この状況ではそもそもはまりません。「一致した面を含める」にチェックを入れると、このような場所に確認をしてくれます。

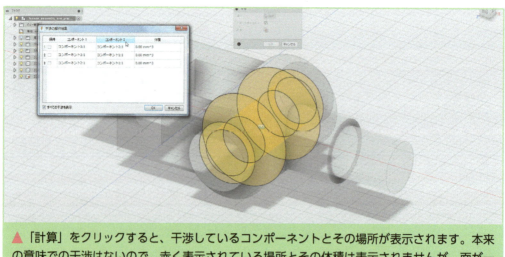

▲「計算」をクリックすると、干渉しているコンポーネントとその場所が表示されます。本来の意味での干渉はないので、赤く表示されている場所とその体積は表示されませんが、面が一致しているところが黄色く表示されています。

今回は、このようになっていることを確認する意図でしたので、これで OK です。「OK」ボタンを押して、このダイアログを閉じます。

ステップ2　シミュレーション環境への切り替え

干渉がなく、かつ接触面どうしがぴったりと合っていることが確認できたら「静的応力」を指定して、シミュレーション環境に切り替えます。

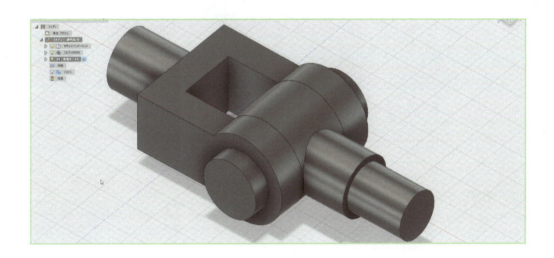

ステップ3　材料の定義

次に材料を各コンポーネントに割り当てます。

▲アセンブリの場合には、単品のパーツとは違い、各コンポーネントに材料を割り当てる必要があります。今回はすべてのコンポーネントに対して同じアルミニウム 2014-T4 を割り当てますが、もちろん実際には、それぞれ異なる材料を割り当てることができます。

操作自体は、1つのパーツの解析の場合と同じです。材料の定義後に、すべてのコンポーネントの色が Fusion360 でアルミ 2014-T4 に割り当てられている色になっていることを確認します。

ステップ4　　拘束条件の定義

次に拘束条件を定義します。

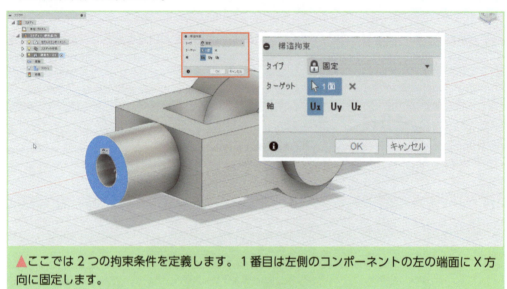

▲ここでは2つの拘束条件を定義します。1番目は左側のコンポーネントの左の端面にX方向に固定します。

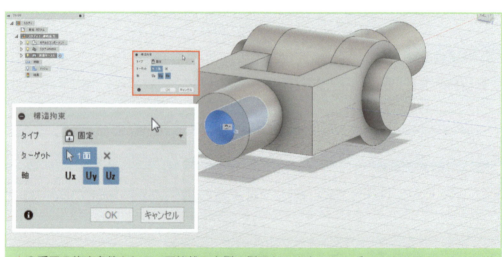

▲2番目の拘束条件として、円筒状の内側の側面をY方向、およびZ方向に固定します。拘束条件の適用としては、以上になります。これだけでは拘束条件が足りないのではと思うかもしれません。その対処については後述します。

ステップ5　荷重条件の定義

次に荷重条件を定義します。右側のパーツが軸を中心に回転することを想定しているパーツですが、図の右側の方向に引張られたときの全体の応力を確認したいと思います。

▲右側のパーツの右側の端面に対して、1,500Nの荷重をかけます。今回使用する荷重条件は、この荷重のみです。

ステップ6　接触条件の定義

次に、単品のパーツの応力解析では必要がなかった接触条件の定義を行います。

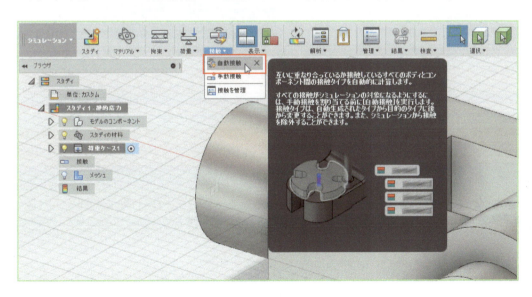

接触条件の定義は、拘束条件の右隣にある【接触】をクリックします。下向きの三角形をクリックするとプルダウンメニューが表示されます。接触の定義は「自動接触」、「手動接触」の2つの方法で行うことができます。まず、自動で接触条件を定義したのちに、必要に応じて手動で変更することもできます。今回は、【自動接触】で行います。

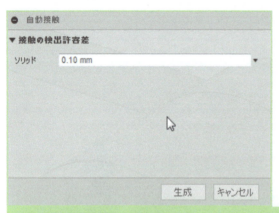

▲自動接触を選択すると、接触検知の許容差を確認されます。完全に合わさっていなくても、この距離以内に面どうしがあると接触していると感知されます。前述したオフセット接着などを使用する際には、この許容差を大きくしておく必要があるでしょう。ここでは、デフォルトのまま進みますので「生成」ボタンをクリックします。

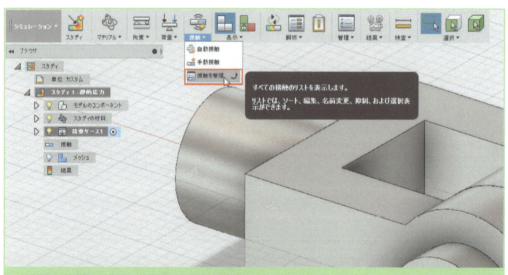

▲「生成」ボタンを押して、接触条件が自動的に作成されても、見た目には変化がないので、「接触を管理」をクリックして、定義された接触の一覧を確認します。

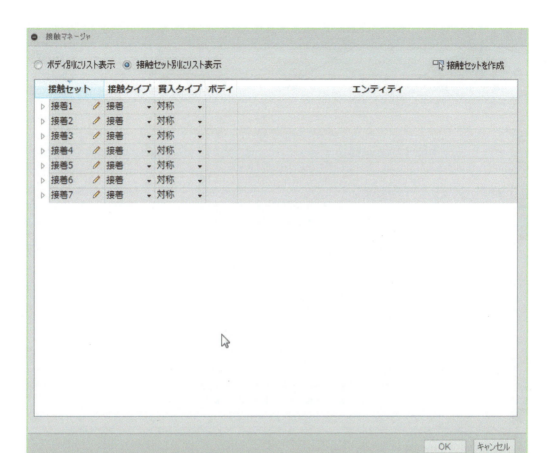

▲全部で7つの接触条件が定義されていることがわかります。また、デフォルトの接触タイプである「接着」がすべての条件に定義されていることがわかります。貫入タイプは「対称」なので、どちらの場合からでも、お互いを貫通することはできません。

接触マネージャ

○ ボディ別にリスト表示　◉ 接触セット別にリスト表示　　　　　　　　　　　　　　接触セットを作成

接触セット		接触タイプ	貫入タイプ	ボディ	エンティティ
▲ 接着1	✎	接着 ▾	対称 ▾		
				コンポーネント2:1/ボディ1	面 19
				コンポーネント3:1/ボディ1	面 55
▲ 接着2	✎	接着 ▾	対称 ▾		
				コンポーネント2:1/ボディ1	面 19
				コンポーネント3:1/ボディ1	面 54
▲ 接着3	✎	接着 ▾	対称 ▾		
				コンポーネント2:1/ボディ1	面 16
				コンポーネント3:1/ボディ1	面 66
▲ 接着4	✎	接着 ▾	対称 ▾		
				コンポーネント2:1/ボディ1	面 13
				コンポーネント3:1/ボディ1	面 67
▲ 接着5	✎	接着 ▾	対称 ▾		
				コンポーネント1:1/ボディ1	面 24
				コンポーネント3:1/ボディ1	面 63
▲ 接着6	✎	接着 ▾	対称 ▾		
				コンポーネント1:1/ボディ1	面 23
				コンポーネント2:1/ボディ1	面 19
▲ 接着7	✎	接着 ▾	対称 ▾		
				コンポーネント1:1/ボディ1	面 22
				コンポーネント3:1/ボディ1	面 65

OK　キャンセル

▲「接触セット」の左側にある、各三角形をクリックすると、接触条件の各リストを展開することができます。どの部品のどのボディのどの面が、どの面と接触するのかということが、このリストを見るとわかります。

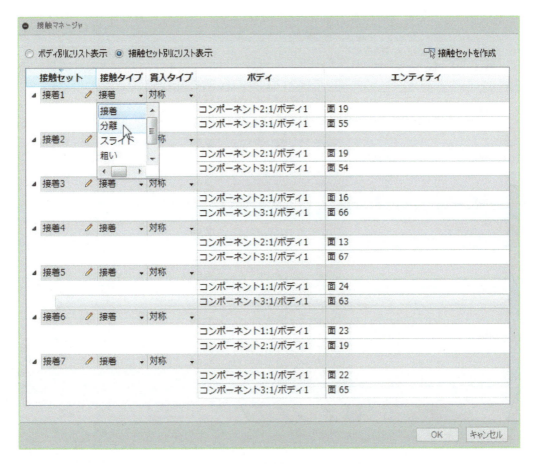

なお、今回の解析では、ベアリングは当然回転するので「接着」の条件では、現実の挙動と異なってしまいます。基本的には穴と軸がお互いに回転するスライドの条件ですが、引張られれば一部が穴から離れることが考えられるので、「分離」が適切な条件でしょう。2つのピンが接触している面も同様に、変形によってお互いから離れることが考えられるので「分離」が適当でしょう。

そこで、今回はすべての接触タイプを「分離」に変更します。

▲すべての条件が変更されたのが確認できたら「OK」で、このダイアログを閉じます。

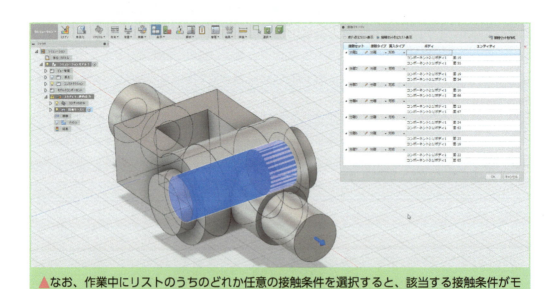

▲なお、作業中にリストのうちのどれか任意の接触条件を選択すると、該当する接触条件がモデル上でもグラフィカルに表示されるので、一つひとつの条件を確認しながら定義していくときにもわかりやすいでしょう。

> **ステップ7** 　**剛体モードを解除する**

　接触条件を「接着」から「分離」に変えたので、中央のピンの軸のコンポーネントは、まったく固定されていない状態ですし、右側のコンポーネントも同じく「荷重」のみが定義されてフリーに動く状態です。接触すればその方向には動きませんが、摩擦もなくフリーに回転できる状況もあり、そのままでは解析ができません。そこで、「剛体モードを解除」したいと思います。Fusion360は計算が進められるように内部的に処理してくれます。

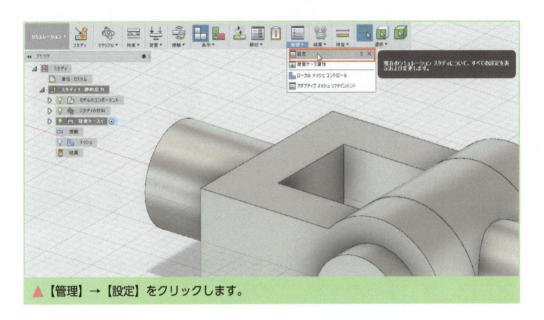

▲【管理】→【設定】をクリックします。

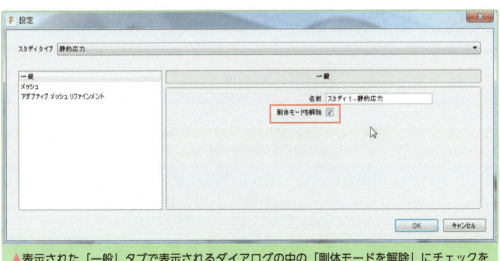

▲表示された「一般」タブで表示されるダイアログの中の「剛体モードを解除」にチェックを入れてください。

203

ステップ8　メッシュを生成する

　これまで解析をしてきて理解している通り、このまま解析を実行すれば、その際にメッシュも自動的に生成されます。しかし、デフォルトではメッシュが粗く切られる傾向にあります。あまり粗いと応力集中がうまくとらえきれないときがあるので、今回はメッシュの細かさをコントロールしてみたいと思います。まず、デフォルトの状態のメッシュを確認します。

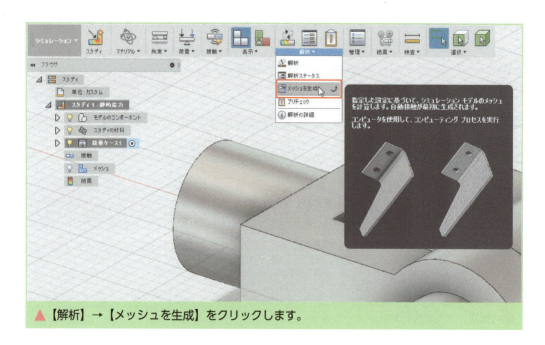

▲【解析】→【メッシュを生成】をクリックします。

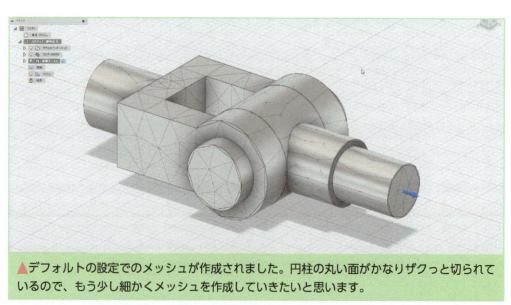

▲デフォルトの設定でのメッシュが作成されました。円柱の丸い面がかなりザクっと切られているので、もう少し細かくメッシュを作成していきたいと思います。

メッシュの細かさの設定にはいくつかの方法がありますが、ここでは「設定」のメッシュから設定したいと思います。【管理】→【設定】をクリックします。

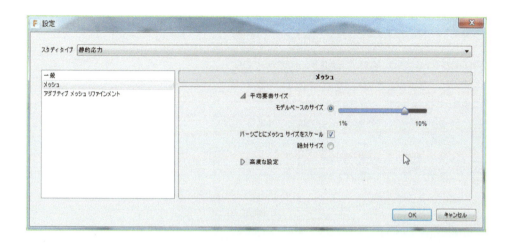

　タブをメッシュにするとダイアログで表示される内容が変わります。平均要素サイズは、モデルベースで決めるのはそのままにしておきますが、デフォルトの10%を8%に変更します。この数値を小さくすれば、より細かくメッシュを切ることができますが、むやみに細かく切っても計算時間が長くなるわりに計算の精度が上がらないということも起きてきますので、ほどほどにしましょう。また、「パーツごとにメッシュサイズをスケール」にもチェックを入れてください。
　このチェックを忘れると、メッシュの細かさがアセンブリのサイズベースになるので、それほど細かくなりません。

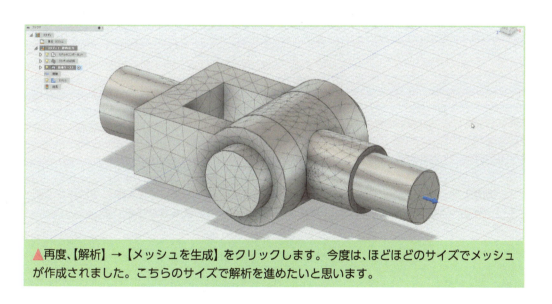

▲再度、【解析】→【メッシュを生成】をクリックします。今度は、ほどほどのサイズでメッシュが作成されました。こちらのサイズで解析を進めたいと思います。

ステップ9　解析を実行する

プリチェックを念のためかけてみます。

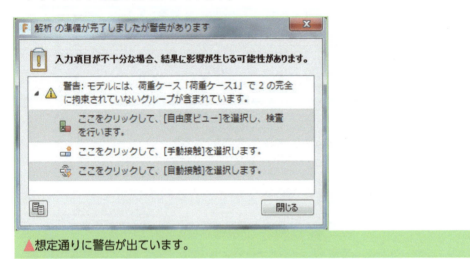

▲想定通りに警告が出ています。

完全に拘束されていないことは、想定通りなのでこのまま解析を進めることにして、「閉じる」をクリックします。

▲【解析】→【解析】でシミュレーションを実行します。接触問題は、接触条件を計算する関係上メッシュサイズにもよりますが、解析は単品パーツよりも長くなりがちです。

ステップ 10　解析結果の評価

解析が終了し、安全率が確認されました。

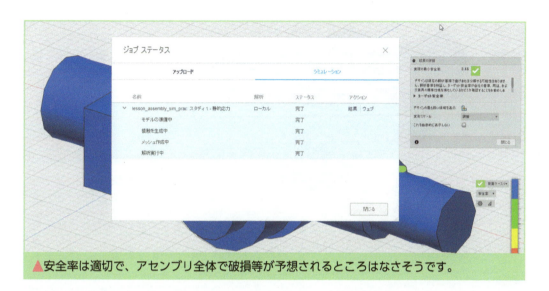

▲安全率は適切で、アセンブリ全体で破損等が予想されるところはなさそうです。

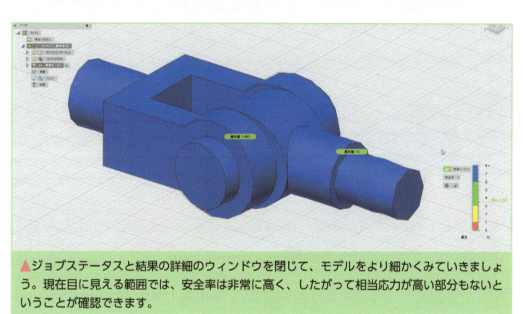

▲ジョブステータスと結果の詳細のウィンドウを閉じて、モデルをより細かくみていきましょう。現在目に見える範囲では、安全率は非常に高く、したがって相当応力が高い部分もないということが確認できます。

ミーゼスの相当応力を確認すると、荷重がかかっている右側のパーツの丸い軸部分が応力が高いことがわかり、左側のパーツにはそれほど応力が発生していないようです。

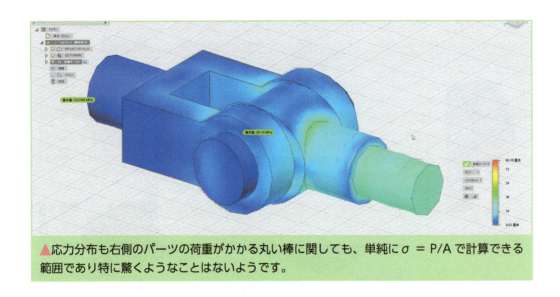

▲応力分布も右側のパーツの荷重がかかる丸い棒に関しても、単純に $\sigma = P/A$ で計算できる範囲であり特に驚くようなことはないようです。

　さて、全体の挙動としては問題がないようですが、このままでは実際に応力集中が発生していると思われる場所がこのままでは確認できません。

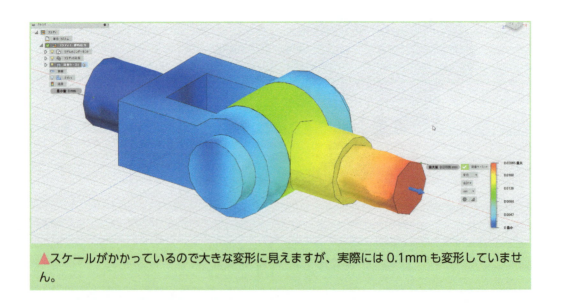

▲スケールがかかっているので大きな変形に見えますが、実際には 0.1mm も変形していません。

ブラウザの「モデルのコンポーネント」を展開してみましょう。

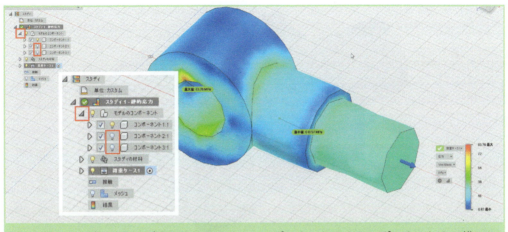

▲ 3つのコンポーネントが表示されるので、コンポーネント 2 とコンポーネント 3 の横にある電球マークをクリックします。電球が消灯すると同時に画面上からもコンポーネントの表示が消えました。

単パーツの応力分布を確認することができます。穴の後方の角に最大の応力が発生して、ここに応力集中が起きていることがわかります。このパーツが手前に引張られて、軸となる丸い棒があたっている場所なので、妥当な結果といえます。

ただし、安全率もまた応力値そのものも十分に小さい値なので、パーツに修正の必要もないと考えられます。

次にコンポーネント 3 のみを表示してみます。

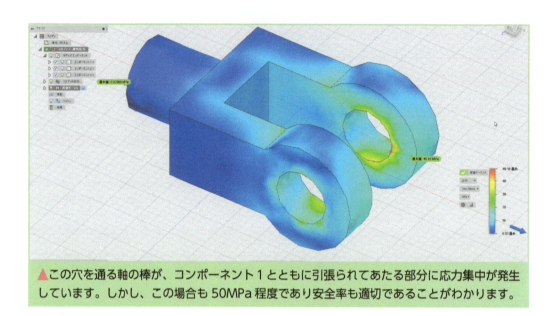

▲この穴を通る軸の棒が、コンポーネント 1 とともに引張られてあたる部分に応力集中が発生しています。しかし、この場合も 50MPa 程度であり安全率も適切であることがわかります。

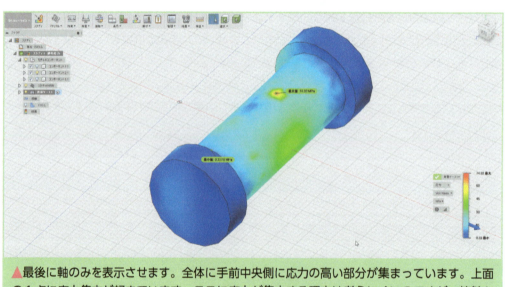

▲最後に軸のみを表示させます。全体に手前中央側に応力の高い部分が集まっています。上面の 1 点に応力集中が起きています。ここに応力が集中する理由は考えにくいのですが、接触とメッシュの状況によるものが考えられます。

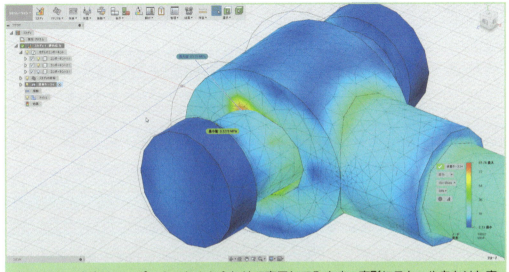

▲ そこで、今度はコンポーネント1と合わせて表示してみます。変形にスケールをかけた表示でみてみると、接触反力によって応力の集中が起こっていることが想定されます。

この状況をもう少し確認したいので断面で切りたいと思います。

【検査】→【スライス平面を作成】をクリックしてください。

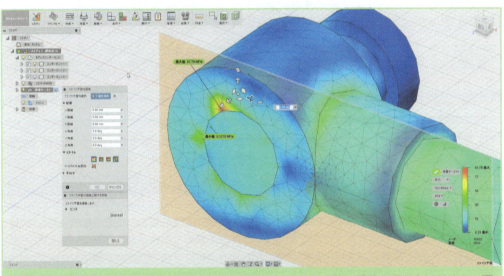

▲ モデルの任意の平面を基準の平面にできるので、ここでは軸の手前の面からはじめて、画面の奥方向に動かしていきます。このとき、モデルは変形をせずにそのときの応力等の表示内容を示します。コンポーネント1のほうには応力集中が発生している一方で、軸のほうにはそれほど発生していません。

さらに断面を奥に動かしていきます。

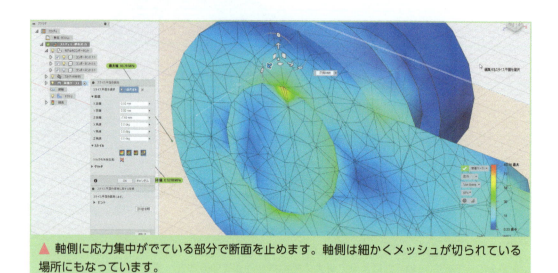

▲ 軸側に応力集中がでている部分で断面を止めます。軸側は細かくメッシュが切られている場所にもなっています。

ここで表示を接触反力に切り替えてみます。

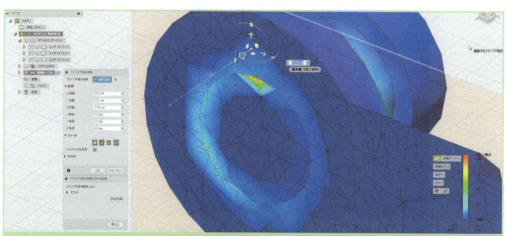

▲ やはりかなり高い反力が表示されています。そのため応力も高くなっています。この状況に疑問がある等の場合には、メッシュをより細かくして検討することができます。ただし、あまり細かくしてしまうと、解析にかなり時間がかかってしまうので注意が必要です。

なお、スライス平面ですが、スライス平面作成時に自動的にブラウザに追加される「スライス平面」を展開して、チェックを外してやればOKです。再度表示する場合にはチェックを入れます。

ステップ 11　メッシュをさらに細かくする

　先程示した【設定】の画面から、さらにメッシュを細かくする設定をして、解析をし直してみましょう。以下はメッシュを細かくして解析し直した例です。

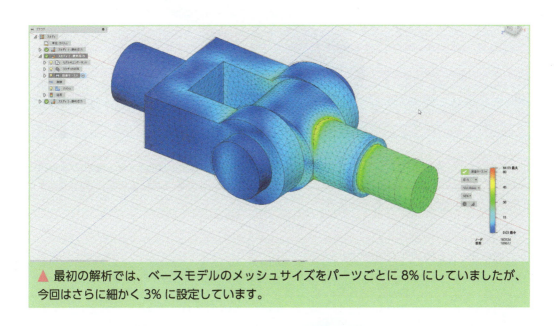

▲ 最初の解析では、ベースモデルのメッシュサイズをパーツごとに 8% にしていましたが、今回はさらに細かく 3% に設定しています。

　コンターの様子もよりスムーズになっています。

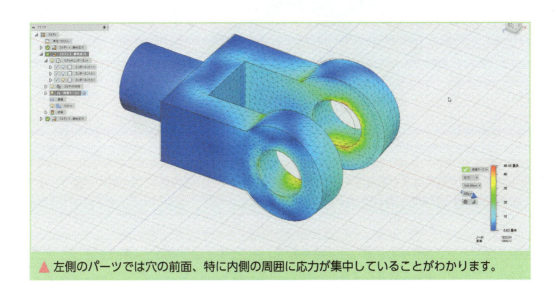

▲ 左側のパーツでは穴の前面、特に内側の周囲に応力が集中していることがわかります。

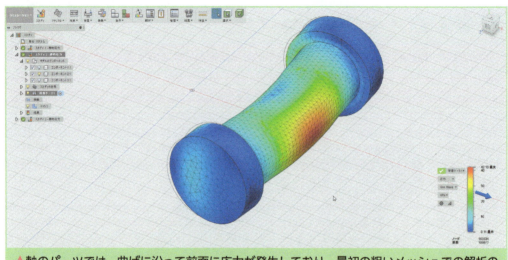

⚠ 軸のパーツでは、曲げに沿って前面に応力が発生しており、最初の粗いメッシュでの解析のように、接触の加減で不自然な応力集中が発生しているということはありません。こちらの結果がより妥当であるといえるでしょう。

右側のパーツについても同様です。

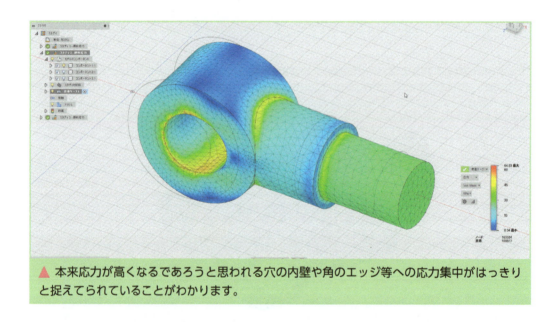

⚠ 本来応力が高くなるであろうと思われる穴の内壁や角のエッジ等への応力集中がはっきりと捉えてられていることがわかります。

　以上でアセンブリ解析の基本的な手順の説明は終了です。演習問題を4問ほどやってみて、アセンブリ解析の手順と設計の改善のやり方に慣れてみましょう。

214

演習問題 6-1

以下のようなフレーム構造があります。一本一本が個別のパーツで、組み合わされてアセンブリになっています。

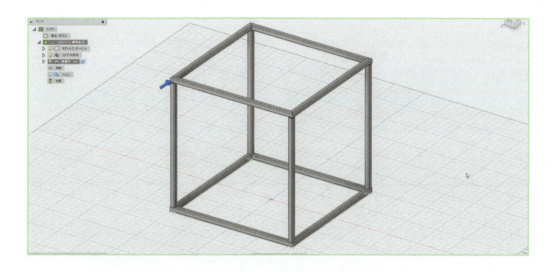

底面の四隅に正方形の面があるので、それら4つの面を全自由度、完全に拘束してください。そのうえで、矢印がある手前上部の角のコーナーに 500N の荷重をかけます。

> 本解析対象パーツの3Dモデルデータ「exercise_6-1.f3d」は、ダウンロードサービスページからダウンロードしてください。ダウンロードサービスのURLは、本書冒頭 p.10 のダウンロード案内を参照してください。

ステップ 1

上記の荷重条件および拘束条件を使用して、このフレーム構造の変形および応力分布、最大の応力値を確認してください。なお、材料はすべて「炭素鋼」とします。また、降伏値を超える場所があるかどうかを確認してください。

ステップ 2

元のフレーム構造や材料物性を変更することなく、必要最小限の修正で、同じ荷重をかけたときに、たわみ量や応力を低減する方策を考えてください。

演習問題 6-2

　機械装置等、さまざまな部品からなるものを組み立てる際に、他部品を挟み込んだり、誤った場所に組み付けてしまったりする誤組が発生することは珍しくありません。そのようなことが起こっても永久歪みが部品に発生しないような対策を考えてみたいと思います。

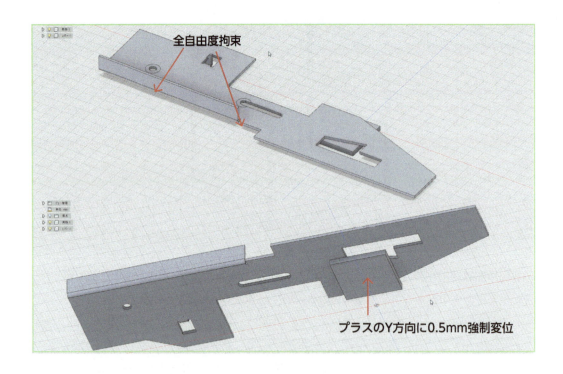

　板状のモデルの下に、誤組の元となる異物を想定した直方体があります。誤組を想定してこの直方体をプラスのY方向に強制変位で0.5mm動かします。部品の固定は、上記の矢印で示す穴の周囲の面を全自由度拘束してください。

本解析対象パーツの3Dモデルデータ「exercise_6-2.f3d」は、ダウンロードサービスページからダウンロードしてください。ダウンロードサービスのURLは、本書冒頭p.10のダウンロード案内を参照してください。

ステップ1

　異物を強制変位で動かした際の最大のミーゼス応力値と場所を求めてください。

ステップ2

　異物がはさまっても、最大の応力値を低減できるように形状を変更してから再度、解析を行い、その結果を求めてください。

演習問題 6-3

以下のようなハンドルとバケツ本体の2つのパーツからなるアセンブリがあります。バケツの容量は、6リットルとします。材質はハンドル、本体ともに ABS です。

ハンドルを手で持ってこのバケツをぶら下げ、仲に水が6リットル入っていることを想定した荷重をかけます。

> 本解析対象パーツの3Dモデルデータ「exercise_6-3.f3d」は、ダウンロードサービスページからダウンロードしてください。ダウンロードサービスの URL は、本書冒頭 p.10 のダウンロード案内を参照してください。

ステップ1

上記の条件で応力解析を行って、変形の状況、応力集中の様子、安全率を確認してください。

ステップ2

安全率が少なくとも3以上になるように形状に変更を加えてください。形状変更後に同じ荷重条件で再度解析を実行し、結果を確認してください。

ステップ3

ハンドルがかなりしっかりとしたソリッドのハンドルですが、肉抜きを行って強度を維持しつつも、軽量化をはかってください。その上で応力解析を行い、前の2つのステップと同じ解析結果を確認してください。

また、ステップ3で安全率が3を下回る部分が出てきたら、必要に応じて形状を変更し、ステップ3での目的が実現できるようにしてください。

演習問題 6-4

以下のようなクレーンのアームを模した構造物があります。この先端のフックの部分に 200kg のものをぶら下げることを想定します。

　グレーで表示された台座となるパーツの底面を完全に固定し、パーツ間の接触は接着、またはオフセット接着としてください。なお、接触の検出許容差は、デフォルトでは検知しない部分があるので、1mm 等大きくしてみてください。材料は「鋼、合金」をすべてに適用します。また、この解析では「重力」も考慮してください。200kg はニュートン換算して荷重をかけるか、または点質量をフックに適用してもよいでしょう（解答例では点質量のやり方で説明します）。

> 本解析対象パーツの 3D モデルデータ「exercise_6-4.f3d」は、ダウンロードサービスページからダウンロードしてください。ダウンロードサービスの URL は、本書冒頭 p.10 のダウンロード案内を参照してください。

ステップ 1

上記の条件で解析条件を設定しますが、何もぶら下げるもののない状態で、重量のみを考慮し、自重だけでどれだけたわむかを確認してください。

ステップ 2

点質量をフックに対して適用してください。
それによってたわみ量がどのくらい大きくなるか、また安全率が 3 を超える部分があったら、形状を修正してください。その修正によって、ほかの部分の負荷が上がって、安全率が下がるようならそちらも修正して全体の安全率が 3 以上になるようにしてください。

ただし、材料は変更しないものとし、また形状変更によって増える材料は必要最低限になることを考えてみてください。

LESSON 7

モード周波数解析

LESSON 7 モード周波数解析

　設計者が設計過程で一般的に行う解析は、前のレッスンまでにやってきた「静的応力解析」で、ほとんどの場合、十分ということが多いと思います。

　しかし、設計している構造物に対して、モーターをはじめとする何か振動するものが接続されている場合などは、外部からの振動の影響を確認したいということがあると思います。というのも、モーターなどを通じて外部から与えられる振動と、その構造物が持つ固有の周波数とが共振してしまうことがあるからです。

　その物体の固有の周波数と外部から与えられる周波数が共振すると、振動が増幅されて最終的には構造物が破壊されてしまう可能性も出てきます。そのため、共振を避けるように設計する必要があるのです。そのためにモード周波数解析が必要になってきます。なお、モード周波数解析は、その物体固有の周波数を求めるため、固有値解析と呼ばれることもあります。
　それでは、モード周波数解析の流れを見ていきましょう。

7.1　モード周波数解析の流れ

　モード周波数解析で求めることができるのは、解析対象のパーツが持つ固有の周波数と、それぞれの周波数におけるモードの形状です。例えば、完全にフリーな状態での固有周波数やモード形状を求めることもできるので、まったく拘束することなく計算を進めることもできますし、荷重をかける必要もありません。
　ただ、実際の部品はどこかが拘束されている状態で使用されますので、現実的な周波数やモード形状を求めるには、使用状態を想定した拘束条件を定義するのがよいでしょう。

　また、荷重は固有値解析には必要ではないものの、もし固定やあらかじめ荷重がかかっている状態で使用されるのであれば、荷重をあらかじめかけてから固有値を計算することが必要です。というのも、初期応力がかかっている状態では、周波数が変わってくるからです。
　ただし、あくまでも固有周波数を求める解析ですので、その荷重によってどのように変位するのかは計算できません。それには過渡応答解析などが必要になります。Fusion360 では Ultimate 版で使用できるイベントシミュレーションの機能で行うことができます。
　それではモード周波数解析の流れを見てみましょう。

220

モデルの定義

単純な細長い板の形状を使用します。

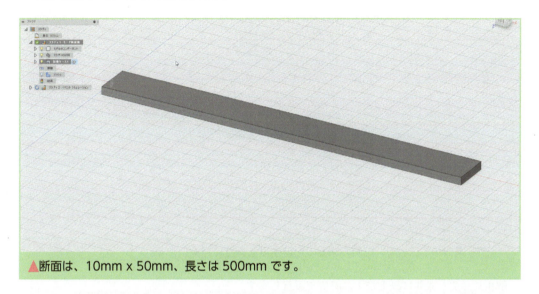

⚠ 断面は、10mm x 50mm、長さは 500mm です。

材料の定義

材料はデフォルトの鋼を使用します。

境界条件の定義

拘束条件を定義します。

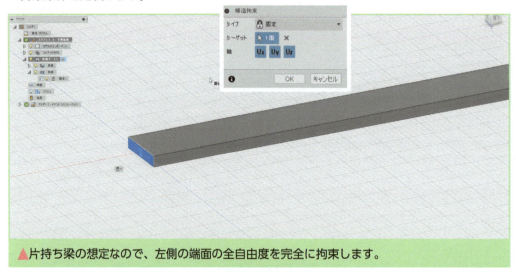

▲片持ち梁の想定なので、左側の端面の全自由度を完全に拘束します。

解析に必要な条件は以上です。解析を実行します。

解析結果の確認

デフォルトでは、全部で8つのモード周波数が解析されます。

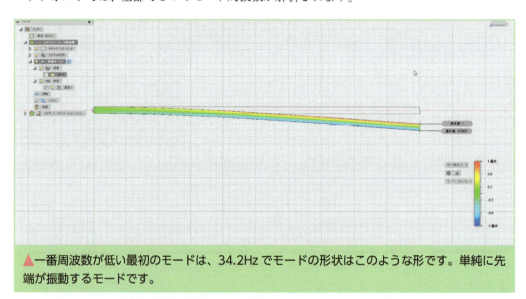

▲一番周波数が低い最初のモードは、34.2Hzでモードの形状はこのような形です。単純に先端が振動するモードです。

これよりも高い周波数とその形状を確認するには、モードのタブをクリックすると解析で求められた周波数が出てきますので、任意のものを選択することができます。

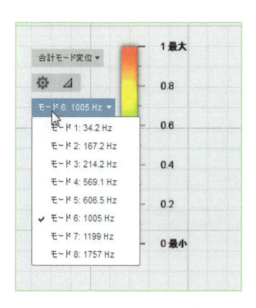

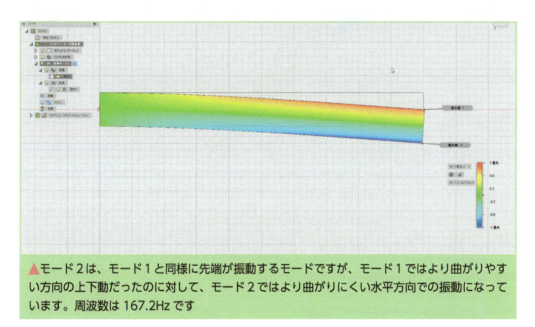

▲モード2は、モード1と同様に先端が振動するモードですが、モード1ではより曲がりやすい方向の上下動だったのに対して、モード2ではより曲がりにくい水平方向での振動になっています。周波数は167.2Hzです

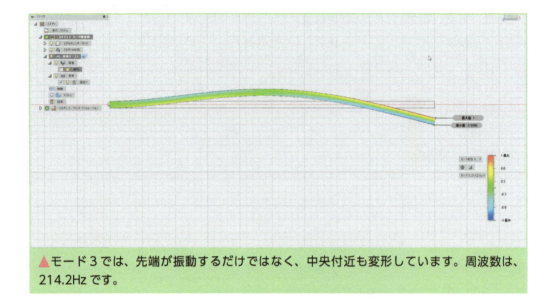

▲モード3では、先端が振動するだけではなく、中央付近も変形しています。周波数は、214.2Hzです。

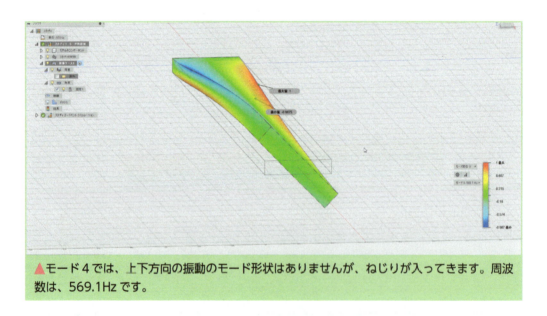

▲モード4では、上下方向の振動のモード形状はありませんが、ねじりが入ってきます。周波数は、569.1Hzです。

▲モード6では、再び横方向から見た時の上下の振幅になりますが、さらに波の山が増えて中央に2つの山があります。周波数は、606.5Hzです。

周波数は計算上ではどこまでも求めることができますが、あくまでも設計を行っていくうえで必要なだけの周波数を求めましょう。

（参考）もし、共振するような形で荷重がかかったら

このような周波数と振動モードの形状をわかったうえで、それを強めるように振動を外部から与えたらどうなるでしょうか。Fusion360のUltimate版で使用できるイベントシミュレーションの機能を使って加振させてみたいと思います。

なお、イベントシミュレーションはUlitmate版の機能のため、あくまでも参考として掲載しています。

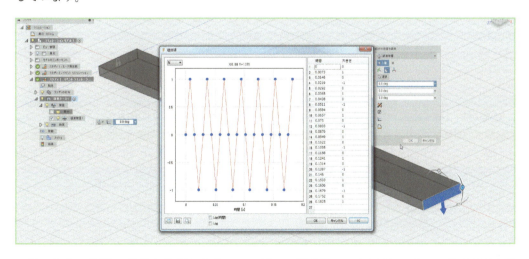

図のように先端に荷重を載荷します。モード1の周波数は、34.2Hzですので約0.0292秒で1回の振幅になるので、その半周で1Nをかけて0Nに戻し、残りの半周で反対方向に1N

をかけて０Ｎに戻します。これを６回ほど繰り返し、合計で0.1825秒の時間で解析を行います。

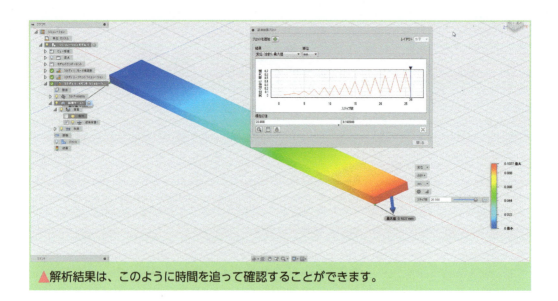

▲解析結果は、このように時間を追って確認することができます。

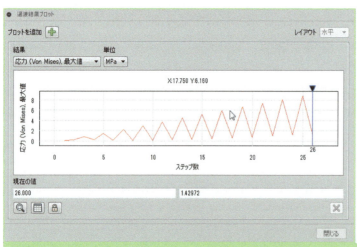

▲ 変位だけなく応力も見てみます。時間ごとの変位のプロットを見てみると、変位の大きさがサイクルごとに大きくなっていることがわかります。

7.2　プロペラの固有値解析

　プロペラは、航空機や船などの推進力を生み出すために必要なものです。航空機のプロペラでは、あまりプロペラそのものの破損はあまり聞きませんが、船舶などでは異物との衝突や、流体力による高い変動応力が破損の原因となることがわかっています。しかし、それ以外にも振動が大きい船舶などの場合には、プロペラ軸の縦振動の周波数とプロペラの翼の固有周波数が一致、またはそれに近い周波数の場合だと、それによる破損が起こることも研究によって報告されています。

　そこで、まずプロペラそのものの固有周波数を計算してみたいと思います。
　今回使用するプロペラの形状は、船舶よりも航空機のものに近いですが、計算のプロセスは同じなのでそのまま使います。

> 本解析対象パーツの3Dモデルデータ「example_7-2.f3d」は、ダウンロードサービスページからダウンロードしてください。ダウンロードサービスのURLは、本書冒頭p.10のダウンロード案内を参照してください。

モデルの定義

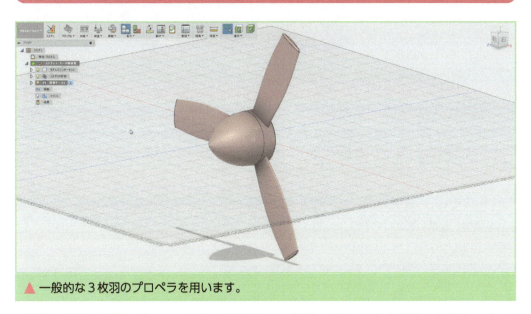

▲一般的な3枚羽のプロペラを用います。

　通常、単発小型機のプロペラなどは直径が約2m程度ですが、また大型機や大型船のプロペラはさらに大きいものですが、今回の例では、解析例のための仮想的なものなので、直径が約1m強程度にしています。

材料の定義

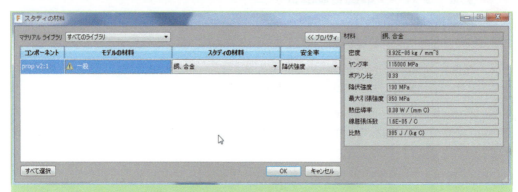

▲最初の解析では、船のプロペラなどでよく用いられる、銅の合金を選択します。なお、モード周波数解析では、材料も固有の周波数に影響します。

拘束条件の定義

▲プロペラの中心部に軸がはまる穴があるという想定にして、その穴の底面と側面に対して、完全拘束を定義します。

設定の確認

前の例でも、説明しましたがモード数については、その数を自分で指定することができます。また、【管理】→【設定】でこの画面にアクセスできます。計算する周波数の範囲も選択可能です。今回は、荷重を定義していませんので初期応力については考慮外ですが、荷重がかかる際にはそのときの応力を考慮することができます。

抽出方法は、固有値の計算方法ですが、デフォルトはよく使用されるランチョス法になっています。よく知らない場合には、デフォルトのままにしておきましょう。

結果の処理

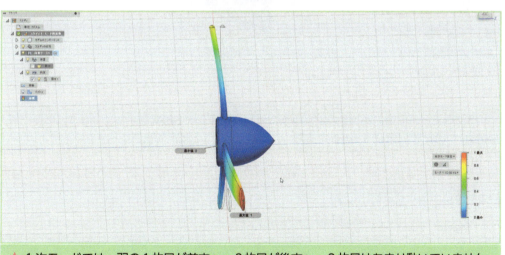

▲ 1次モードでは、羽の1枚目が前方へ、2枚目が後方へ、3枚目はあまり動いていません。周波数は、63.08Hz です。

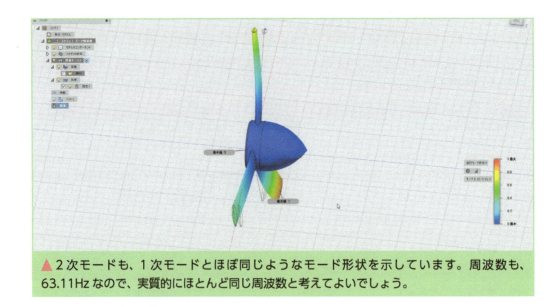

▲ 2次モードも、1次モードとほぼ同じようなモード形状を示しています。周波数も、63.11Hzなので、実質的にほとんど同じ周波数と考えてよいでしょう。

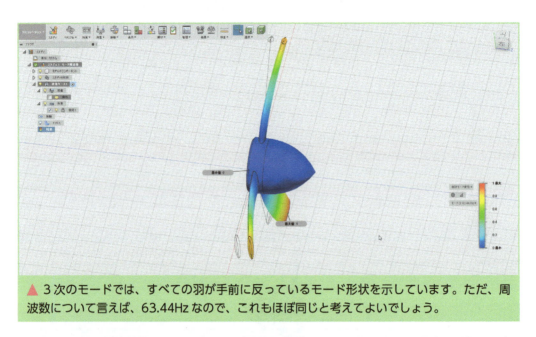

▲ 3次のモードでは、すべての羽が手前に反っているモード形状を示しています。ただ、周波数について言えば、63.44Hzなので、これもほぼ同じと考えてよいでしょう。

つまり、低い周波数帯について考えれば外的な荷重として、63Hz近辺の加振を避ければ良いということになります。

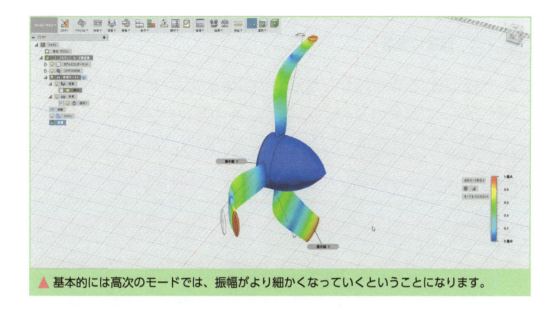

▲ 基本的には高次のモードでは、振幅がより細かくなっていくということになります。

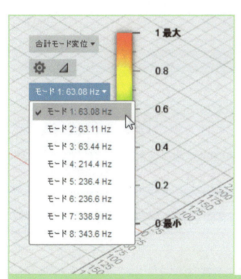

▲ なお、特に周波数のみに着目するのであれば、このように一覧で問題がないかどうかを確認したほうが有効かもしれません。

7.3 荷重の考慮

さて、実際の構造物には、ほとんどの場合、何らかの荷重がかかっています。

荷重がかかることで、変形し応力も発生します。また、荷重によって発生する応力が、固有のモード周波数にも影響してくるのです。

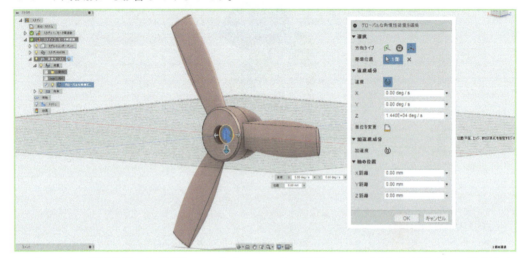

プロペラは運用状態では回転していますので、その回転によって遠心力が発生し、結果として応力も発生しています。そこで、遠心力を考慮した解析にしたいと思います。

遠心力は、【荷重】→【グローバルな慣性角荷重】で定義します。軸を中心に回転させますが、ここではセスナ172型機などの巡航での回転数 2,400rpm を想定します。これは毎秒40回転で、Fusion360 の定義に合わせると 14,400deg/s になります。

解析結果の確認

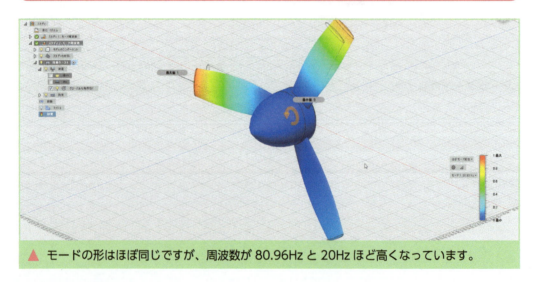

▲ モードの形はほぼ同じですが、周波数が 80.96Hz と 20Hz ほど高くなっています。

▲2次のモードも同様で、最初のケースと同じようなモードの形状ですが、こちらも81.35Hzと20Hzほど高くなっています。

▲3次のモードについても、モードの形状、周波数ともに同様のことが言えます。

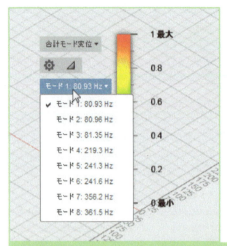

▲ 周波数全体をプルダウンで確認すると、全体として 20Hz ほど、どのモードに対しても高くなっていることがわかります。

▶ 7.4　固有周波数を変えるには

　仮にこの解析で求められた周波数が、都合が良くないとします。基本的には形状を変更したり、アセンブリなどの構造であれば、構造を変えたりすることで周波数を変えることができます。しかし、構造や形状を変更する以外でも周波数を変えることができます。
　その一つが、材料を変更してみることです。

▲ 当初の解析では、銅の合金を使用しましたが、それをアルミ合金に変えてみます。

解析結果

▲今回の解析でも、先程の解析と同様に角速度を定義しています。1次モードを確認してみるとモードの形状は、先程と同じであるものの周波数は、102.3Hzと20Hzほど高い周波数になっています。

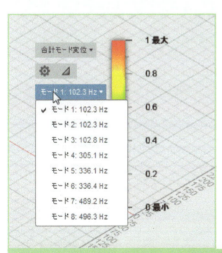

▲ さらに高次のモードでは、元の周波数と比較した時、その差はさらに大きくなっていることがわかります。このことから、材料の変更は固有のモード周波数に対して、かなり有効であることがわかります。

7.5　形状の変更による周波数の修正と方向性

　材料を変えることは難しいという場合も少なくないと思います。そこで、一部の形状を変更したらどのようになるかを確認したいと思います。

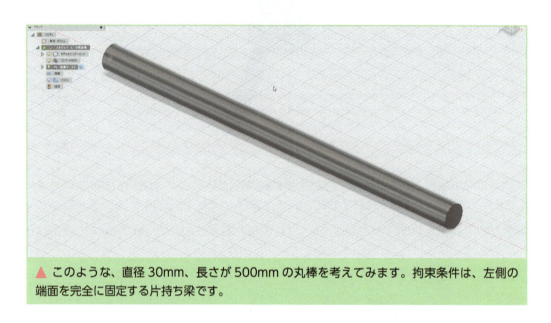

▲このような、直径 30mm、長さが 500mm の丸棒を考えてみます。拘束条件は、左側の端面を完全に固定する片持ち梁です。

▲固有値を計算すると、モード 1 が 86.97MHz で、XZ 平面内で先端が振動しています。

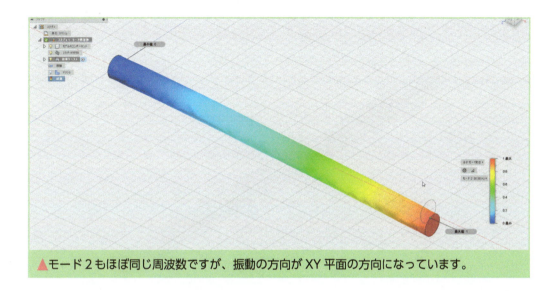

▲モード2もほぼ同じ周波数ですが、振動の方向がXY平面の方向になっています。

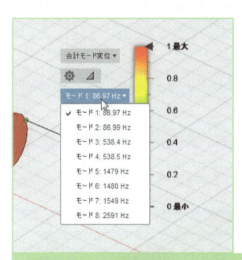

▲それ以外のモードを確認すると、縮んだり、先端が膨らんだりする形状が現れる高次のモードになると別ですが、基本的には縦と横でほぼ同じ周波数とモード形状になっています。例えば、このモード1の86.97Hzを少しずらしたいと考えたとします。

モデル形状の変更

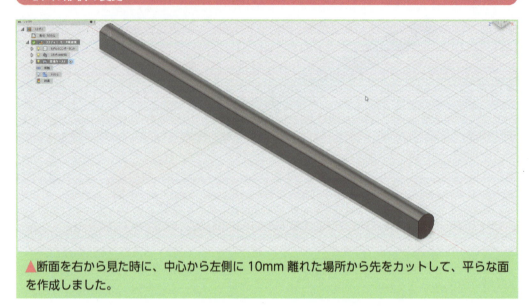

🔺 断面を右から見た時に、中心から左側に10mm離れた場所から先をカットして、平らな面を作成しました。

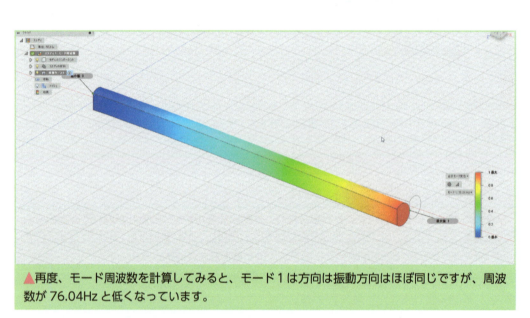

🔺 再度、モード周波数を計算してみると、モード1は方向は振動方向はほぼ同じですが、周波数が76.04Hzと低くなっています。

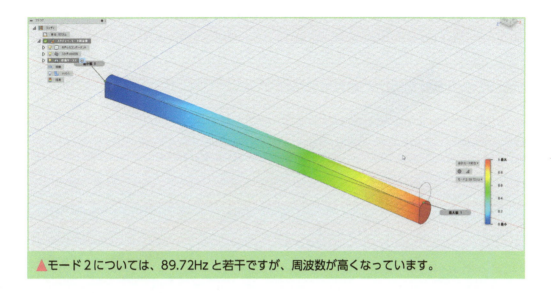

▲モード2については、89.72Hzと若干ですが、周波数が高くなっています。

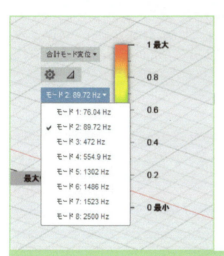

▲ モード3とモード4、あるいはモード5とモード6についても同様の関係になっていることがわかります。

モード1の周波数を変更するという意味では、上手くいっているようです。
そこで、簡単に検証してみたいと思います。

検証

以下は、Ultimate版のイベントシミュレーションを使って検証したもので、あくまでも参考として掲載しているものです。

オリジナル形状

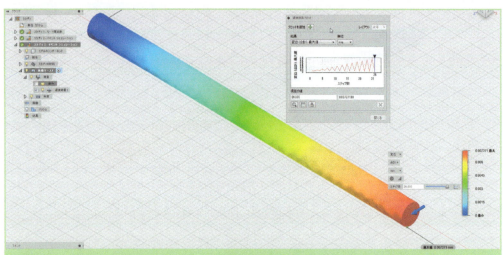

▲当初の丸棒を、横方向に86.97Hzで荷重の載荷と除荷を繰り返してみます。まだ、6サイクル程度しか回していないにもかかわらず結果は顕著で、変位量が継続的に増加していることが見受けられます。最後のサイクルで最大の変位量が出ていて0.7mm程度にまで増加しています。

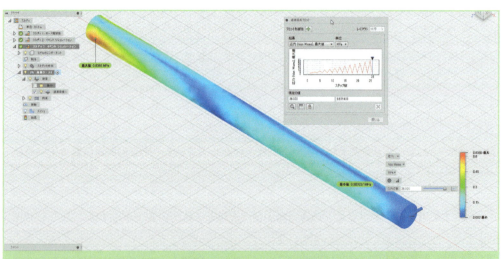

▲ミーゼス応力についてもやはり振動しながら、徐々に増加している傾向が見受けられます。最後のサイクルで、約30MPaまで増加しており、このまま振動を与え続ければ、破損することも予想されます。

変更後の形状

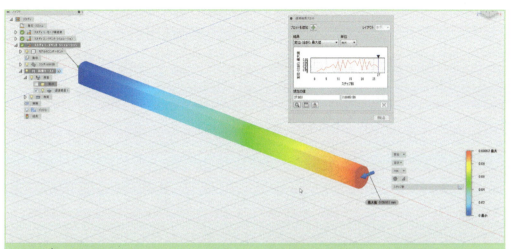

▲途中まで増加傾向にはありますが、途中から一定の範囲で振動するように見受けられ、ピークでも、最大の変位量が 0.35mm とオリジナル形状の半分程度で増加する傾向にはないように思われます。固有値の共振による影響は少なく、加振する荷重の周波数によってのみ振動しているように見受けられます。

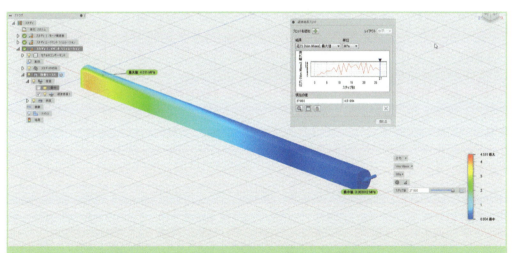

▲応力についての履歴も同じトレンドで、途中まで増加しても最大で 14MPa 程度であり、途中から一定の範囲内に収まっており、この傾向が続くのであれば、破断等の問題は起きないと予測されます。

　このことから共振しないようにモード周波数を検証し、必要に応じて形状を修正することは有効であると考えられます。

伝熱解析

伝熱解析

　ここまでは、主に製品を構成する物体の機械的な特性を中心に述べてきました。しかし、実際に設計者が対応しなければならないのは、機械的な特性だけではありません。機械などを設計していれば、電気を使った動力源が製品の中に組み込まれています。電源やモーター、あるいは内燃機関のような動力源は必ず発熱します。そのことによって、パーツ類に変形が生じたり、機械のパフォーマンスにも影響したりすることがあります。パソコンのようなものでは、CPU の発熱量は大きく、いかに効率良く冷却するのか、ということは設計上の重要なポイントです。温度が高くなることで、特に電子部品は温度が 10 度上昇するごとに製品寿命が半分になるというアレニウス則がありますし、絶縁性能などは温度が上昇することで性能が下がります。そこで、物体の温度そのものや温度分布の求めることが必要になってきます。

　そのような場合に使用できる CAE の機能が、伝熱解析です。なお、Fusion360 では熱伝達解析（2017 年 9 月時点）という言葉を用いていますが、一般的に温度分布や熱流束などを求める解析は、熱解析や伝熱解析、あるいは熱伝導解析と呼ばれることが一般的です。

　このレッスンでは、Fusion360 の伝熱解析機能の基本を説明していきますが、その前に簡単に伝熱工学の基本について解説したいと思います。

8.1　3種類の熱の伝わり方

　熱が伝わる方法は、以下の 3 つに分類することができます。

1） 伝導

　主として固体（完全に静止の状態であれば流体も）中で、温度が高い方から低い方へ移動していく形で熱が伝わる（移動する）ものを「伝導」と言います。一般的には機械の部品の温度分布を計算するのは、この「熱伝導」解析の機能となります。Fusion360 の「熱伝達」解析の機能を使ってパーツの温度分布を求めるのもこの熱伝導になります。

2） 対流

　対流とは、流体が動くことによって温度が伝わることを言います。お風呂のお湯をかき混ぜて温度を均一にすることができますが、これが対流です。伝導とは違って元々高い温度を持っていたところが別の場所に移動することで温度を伝えていきます。

3） 輻射（放射）

　伝導と対流では、温度を伝えるための物体が存在していますが、輻射ではそのような物体が

存在していなくても温度が伝わります。物体の持つ熱エネルギーが電磁波（赤外線等も含む）として直接別の物体に伝わります。真空の宇宙空間で太陽からの熱が地球に伝わるのも輻射の典型的な例です。

Fusion360 で扱うのは、この中でも「熱伝導」のみとなります。荷重条件としての「輻射」はありますが、環境で交換されるエネルギーのみであり、パーツ間あるいはサーフェス間の輻射は考慮することができないため、例えばあるパーツを熱源として、少し離れた別のパーツに与える影響を検証することはできません。

ここでもう少し、Fusion360 で伝熱解析を行ううえで必要な基礎知識について触れていきます。

8.2　定常解析と非定常解析

伝熱解析には、「定常解析」と「非定常解析」の2種類があります。非常に簡単に言ってしまえば、ある物体の中の熱分布が時々刻々と変化していく様子を解析するのが非定常解析、十分に長い時間が経過して熱の出入りの状況が平衡状態になり、温度分布を時間に関係なく一定の状態を求めるのが定常解析です。

わかりやすく一次元で以下のような棒を想定してみます。

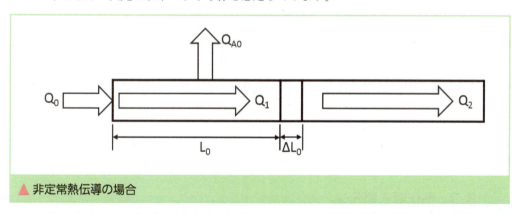

▲ 非定常熱伝導の場合

この棒の外からある熱量 Q_0 が入力されたときの、ある時間 t 秒後の熱が伝わる要素は上図のように示される。入力された熱は、時間とともに物体内部を伝わっていきますが、t 秒後にはある微小な空間内部 ΔL_0 に蓄えられていて、このエネルギーを ΔQ_0 とします。Q_1 はすでに通ったエネルギーで、これから通る部分のエネルギーが Q_2 となります。ただし、この棒の周囲が断熱されていない限り（例えば空気中に棒がある場合など）、この棒からある熱量が逃げていきます。これを Q_{A0} とします。そうすると、一次元の棒の全体の熱量は以下の式で表すことができます。

$$Q_0 = Q_1 + \Delta Q + Q_2 + \Delta Q_{A0}$$

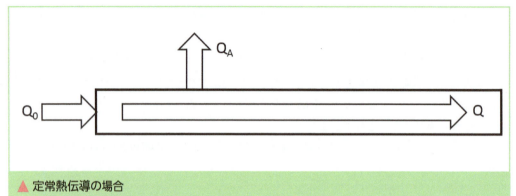

▲ 定常熱伝導の場合

しかし、十分に長い時間が経過し、状況が安定すると下記に示される定常の状態になります。

このような状態では、すでに内部エネルギーは飽和しており、物体内部の温度も時間に関係なく一定になります。このときのエネルギーは以下のように表されます。

$$Q_0 = Q + Q_A$$

Fusion360 の伝熱解析で行うことができるのが、この定常解析です。

さて、上の図や式の中で用いたものでいくつか覚えておいて欲しいことがいくつかあります。Fusion360 の中では境界条件や加える熱量などを「ロード」というコマンドで与えます。これは静的応力解析の荷重や変位などにあたります。

Q_0 が熱源になりますが、これは Fusion360 では「熱源」や「指定温度」という形で与えることができます。熱伝導のエネルギーは、材料物性によって異なってきますが、これは物体固有の熱伝導率を用いて計算することができます。（後述）外に逃げるエネルギー Q_A や QA_0 は「熱伝達」になります。Fusion360 では、これはロードと同じコマンド下で与えることからわかるように材料物性ではなく境界条件なので注意してください。これについても後述します。

8.3　熱伝導と熱伝達

さて、定常熱伝導と非定常熱伝導の意味がわかったところで、Fusion360 で熱伝導解析を行う際の熱伝導の計算の仕組みや、熱伝達などの境界条件についてもう少し見ていきましょう。

熱伝導

熱伝導の計算にはフーリエの法則と呼ばれるものが使用されます。

ここで以下の図のように示す単純な単軸の棒の熱伝導を考えてみたいと思います。棒の周囲は断熱として、棒の外部との熱の出入りはないものと考えます。

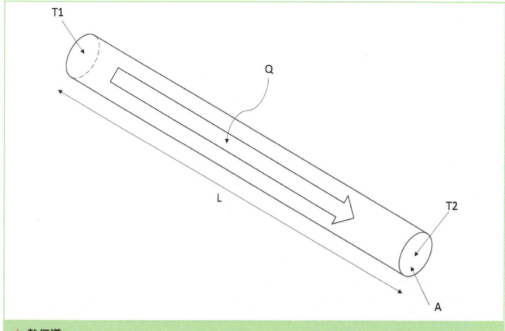

▲ 熱伝導

　断面の両端で異なる温度 T1 と T2 があって、ここで T1 は T2 よりも高い温度であるものとします。Q はこの棒の熱伝導のエネルギーで、L と A はそれぞれ棒の長さと断面積であるとします。T の単位は使用する単位系にも依存しますが、ケルビン「K」などが使用され、エネルギー Q は「W」になりますが、Q は以下の式で計算されます。

$$Q = \lambda A \frac{T1 - T2}{L}$$

　ここで λ は、材料固有の熱伝導率になります。この式がフーリエの式です。

熱伝達

　実際の物体は、このように周囲が断熱されているわけではありません。空気などに触れて、そこから熱が逃げていったり、あるいは放射などによっても熱が外に伝わります。そのような減少があるからこそ、例えばヒートシンクなどで CPU の熱を外に逃がすことができるわけです。

　まず、最初に物体が空気などの流体に触れていて、そこからエネルギーが逃げていく場合について考えてみたいと思います。

　ある発熱している物体があって、その温度を T1 とします。その物体は温度が T2 の空気に、ある面積 A で触れていてエネルギー Q が物体から空気に移動しています。

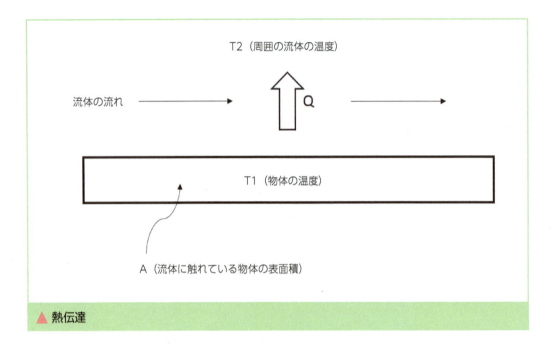

▲ 熱伝達

この熱伝達によるエネルギーを計算する式は比較的シンプルで以下のように示されます。

$$Q = hA(T1-T2)$$

ここで、hは熱伝達率です。

　重要なのが、この熱伝達率です。この値の見積もりが不正確だと当然ですが解析結果も不正確になります。最近では、構造解析ソフトと熱流体解析ソフトとの連携も実現してきており、もしそのような環境で解析しているのであれば、この熱伝達率は熱流体解析ソフトから得ることができますが、構造解析ソフトのみで解析を進める場合には、熱伝達率hを適切に見積もる必要があります。ところが、この熱伝達率を正確に見積もることは簡単ではありません。物体に接している空気が完全に静止しているか、自然対流なのか、あるいはファンのようなもので強制対流させられているのか、さらに流れているいる場合には、それが層流なのか乱流なのかでも異なってきます。また、空気と物体の温度差が比較的小さいのか、それともかなり大きいのかでも異なってくるのです。

　これらの各条件を考慮した熱伝達率の計算方法はありますが、これらは熱伝導に関する専門書等にも示されていることもあり、その説明はここでは割愛します。

　ただ、ここでは参考までに一般的によく使用されるであろう、空気と水について示します。これらの値についても、より正確に知りたい場合には専門書等をあたってください。

触れている流体	熱伝達率（W/m²・K）
空気（自然対流）	2 ～ 20
空気（強制対流）	20 ～ 250
水（強制対流）	300 ～ 6000

　これだけでも、状況によりかなり差があることがわかります。また、ここであげた数値はあくまでも参考で書籍によっても数値は異なり、Fusion360 のヘルプでは静止状態の空気として 5 前後をあげています。どうしてもよくわからないという場合には、目安として自然対流の空気であれば 10 前後、強制対流の空気であれば 100 前後、強制対流の水であれば 1000 前後を目安にして解析を行い、解析結果を確認し、実際の状況と異なるようであれば必要に応じて調整していくと良いでしょう。

放射による熱伝達

　熱は、放射による熱伝達でも移動していきます。放射による熱伝達は以下の式で計算することができます。

$$L = \frac{5.67 \times 10^{-8} \times f \times e\,\{(T_F + 273.15)^4 - (T_a + 273.15)^4\}}{T_f - T_a}$$

　ここで T_f は放射板の温度、T_a は周囲の温度、f は形態係数で向かい合う面との温度のやり取りになり障害物のあるなしや、向かい合い方でも異なりますが、障害物がない場合には 1 になります。物体固有の放射率は e で表されます。Fusion360 の熱荷重の条件では、この放射率 e を定義します。一般的な放射率を以下に示します。

物質	表面仕上げ	放射率
アルミ	研磨面	0.05
アルミ	アルマイト	0.8
アルミ	黒アルマイト	0.95
銅	切削加工面	0.07
銅	研磨面	0.03
鋼	研磨面	0.06
鋼	ロール面	0.66
プリント基板	エポキシ、テフロン等	0.8
トランジスタ	黒色塗装	0.85
トランジスタ	ケース（金属）	0.35

　これ以外の値については、各種資料等で必要に応じて調べてみてください。

8.4　Fusion360による熱解析の流れ

それでは、実際にFusion360を使って、熱伝導解析を行ってみましょう。解析対象は物体の熱伝導の状態と熱伝達による周囲への熱の伝達状況を確認することのできるヒートシンクを使いたいと思います。実際のヒートシンクは、発熱するCPUの上にグリスを介してヒートシンクが取り付けられ、場合によってはその上でファンを回す場合もありますが、ここではヒートシンク単体を取り上げて、解析を進めてみたいと思います。なお、このレッスンでは、CPUを想定した発熱量等はあくまでも解析の練習のための仮の設定です。実際には、本物のデータを取る等の厳密さが必要になります。

| 解析対象 |

▲ 解析対象のヒートシンク

　一般的によく見られるアルミ製のヒートシンクを解析します。
　なお、解析にあたっては、あらかじめ用意されている解析用のジオメトリを使用するか、または簡単な形状なので、形状の情報をもとに、ご自分でモデリングをしてください。モデルを作るのが難しい場合は、ダウンロードして使用してください。

本解析対象パーツの3Dモデルデータ「example_8-1.f3d」は、ダウンロードサービスページからダウンロードしてください。ダウンロードサービスのURLは、本書冒頭p.10のダウンロード案内を参照してください。

形状は下記の図面の通り、50mm × 50mm、厚みが 5mm の板の上に、5mm × 5mm、高さが 45mm の柱が、各方向に 5 本ずつ、合計 25 本並んでいます。

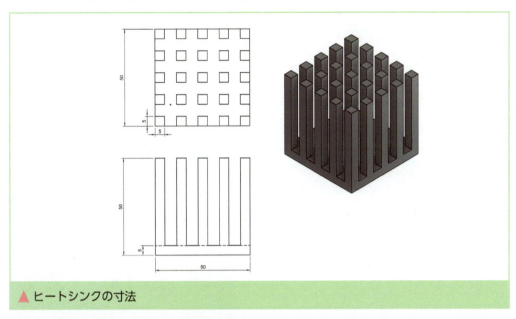

▲ ヒートシンクの寸法

モデリングが終わったらファイルに適当な名前を保存してください。

ワークスペースの切り替え

▲ワークスペースを Simulation に切り替えます。「熱伝達」を選択することを忘れないでください。

解析メッシュの確認

これまで若干手順を変えて、解析の精度に影響を与えるメッシュを先に確認することにします。最初にデフォルトの設定のままのメッシュを確認します。

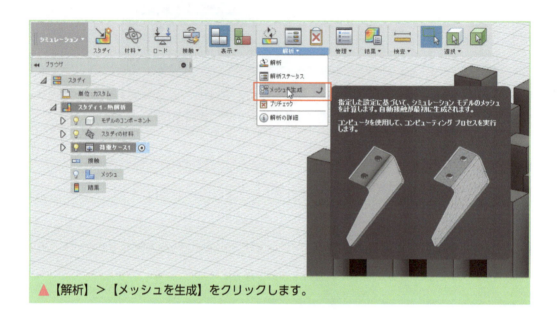

▲【解析】＞【メッシュを生成】をクリックします。

▲デフォルトのメッシュでは若干粗いように思われます。

そこで、もう少しメッシュのサイズを細かくしてみたいと思います。

【管理】＞【設定】のコマンドをクリックして以下のダイアログを表示してください。

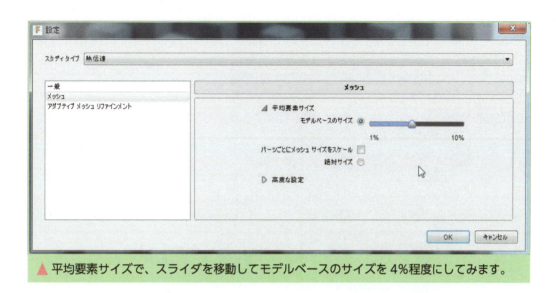

▲ 平均要素サイズで、スライダを移動してモデルベースのサイズを 4％程度にしてみます。

再度メッシュを生成してみます。

▲ 今度は各方法に対して 2 倍の要素数になっています。

　厚み方向に対しても十分な解析ができますので、このメッシュ分割で解析を進めていきたいと思います。

なお、熱荷重の定義等をする際に、メッシュが見えているとやりにくいという場合には、ブラウザのツリーの「メッシュ」の横の電球マークをクリックして、メッシュを非表示にしてください。メッシュが表示されていても非表示でも操作そのものに影響を与えることはありません。

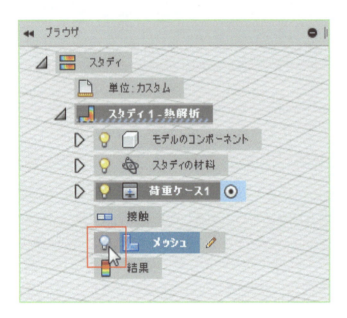

材料物性の定義

▲次に定義するのは静的応力解析と同様に材料物性で、定義の方法も同じです。今回は、アルミニウム 6061 を使用します。リストの中から選んでください。ここで大事なのは、熱伝導率です。線膨張係数については、熱応力解析で必要ですが熱伝導解析では使いません。また、定常熱伝導解析では比熱は使いませんので、この値は気にしなくてかまいません。

熱荷重条件の定義

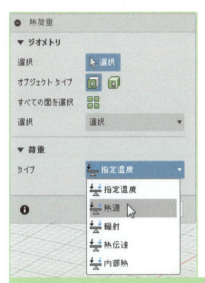

▲ 今回のヒートシンクの解析では、ヒートシンクの底面に発熱する CPU が接しているという想定をします。そこで、発熱の条件として「熱源」を使用します。【ロード】をクリックして熱荷重定義のためのダイアログを表示します。次に荷重タイプを「熱源」に切り替えます。

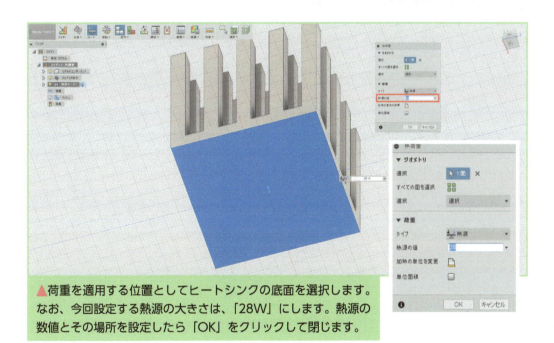

▲ 荷重を適用する位置としてヒートシンクの底面を選択します。なお、今回設定する熱源の大きさは、「28W」にします。熱源の数値とその場所を設定したら「OK」をクリックして閉じます。

255

次に定義する境界条件は「熱伝達」です。再度、【ロード】で【熱荷重】のダイアログを表示します。

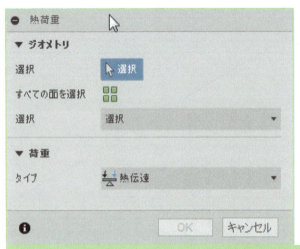

▲今回は、荷重のタイプを「熱伝達」に切り替えます。ヒートシンクはCPUに接している底面以外は空気に接していますから、その条件を定義する必要があります。

まず、熱伝達を定義する面を選択します。

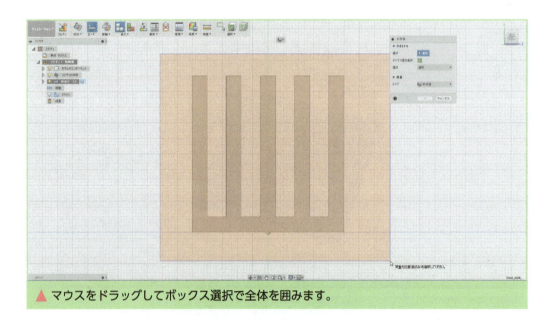

▲マウスをドラッグしてボックス選択で全体を囲みます。

256

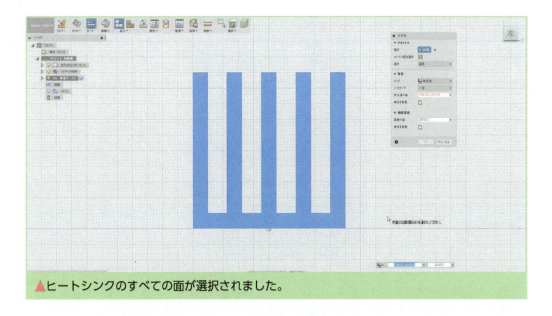

▲ヒートシンクのすべての面が選択されました。

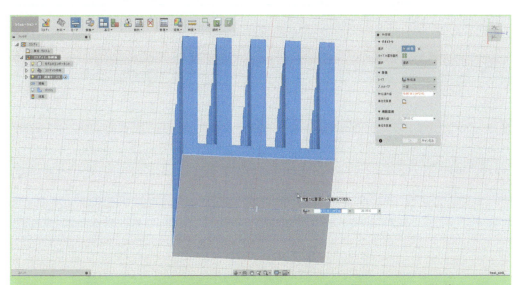

▲ただし、底面にはすでに熱源を定義していますから、この面を選択から外す必要があります。底面を1回クリックして選択から外します。選択から外れると、色が青から白っぽい色に変わります。

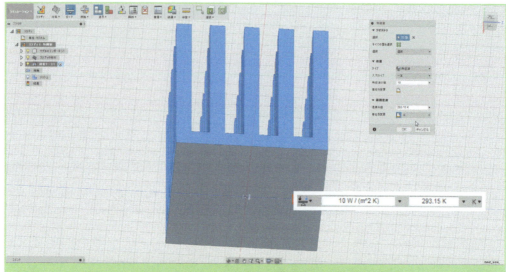

▲残った面に熱伝達率を定義します。ここでは、自然対流の空気でほぼ静止している状態を考えて、10W/(m²K) とします。また、周囲の温度は 20℃（293.15K）を設定します。

解析の実行

▲以上で、解析のための条件設定は完了です。ステータスのところが準備完了になっているのを確認して解析を実行します。

解析結果

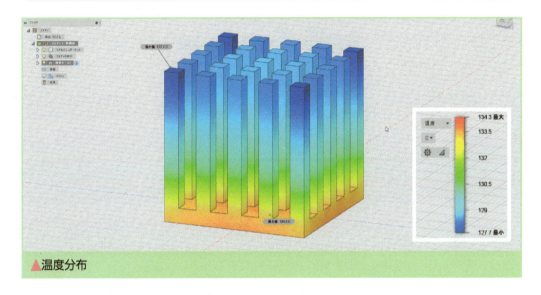

▲ 温度分布

解析が終了したら、温度分布を確認します。

　最高の温度は底面の134.4℃でフィンの上に行くほど温度が低下し、最上部の四隅が最低の温度で127.7℃という温度分布になりました。

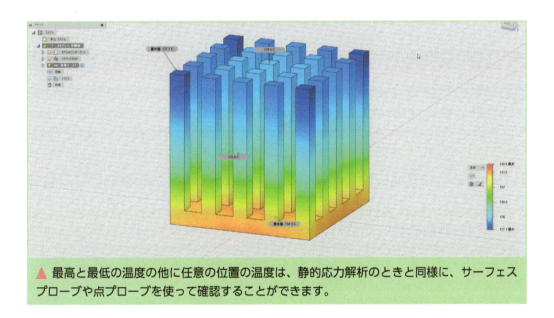

▲ 最高と最低の温度の他に任意の位置の温度は、静的応力解析のときと同様に、サーフェスプローブや点プローブを使って確認することができます。

熱流束

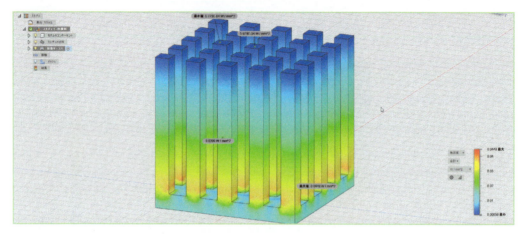

熱流束とは、単位時間に単位面積を横切る熱量、言い換えるとどの程度の熱量が流れているのかという、熱を伝える性能といってもよいでしょう。熱流束を求めることは、その後の温度変化を予測したり制御したりすることにもつながります。熱流束は、以下の式で求めることができます。

$$q = \frac{Q}{A} = -\lambda \frac{\partial T}{\partial x}$$

λ は材料固有の熱伝導率です。この式から熱流束は熱伝導率や温度勾配に比例することがわかります。

温度勾配

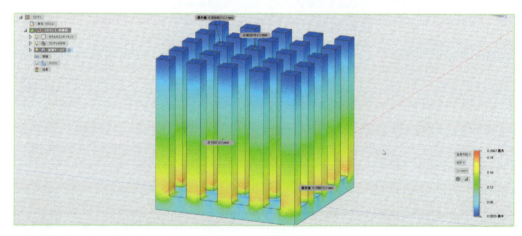

温度勾配とは、単位長さあたりの温度変化の割合を示すものです。金属のように高い熱伝導率を持つものは比較的低い温度勾配でも大きな熱流束を持ちますが、断熱材のように低い熱伝導率ではかなり高い温度勾配を持っていても熱流束は大きくなりません。

改善案❶　輻射率の考慮

　解析の結果を確認してみると、ヒートシンクの底面の温度で約 134℃、最低でも 127.7℃でした。CPU のクーラーとしては、もう少し性能が欲しいところです。前回の解析では輻射率を考慮していなかったので、輻射を考慮するとどうなるのかを見てみたいと思います。

輻射率の定義

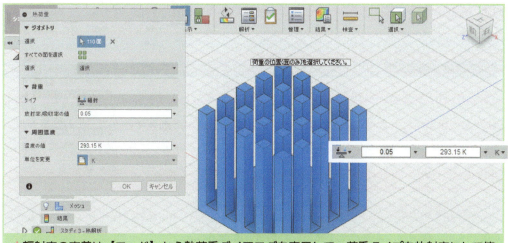

▲輻射率の定義は【ロード】から熱荷重ダイアログを表示して、荷重タイプを放射率にして値に 0.05 を、周囲温度は摂氏 20 度または 293.15K を入力します。変更点としては以上です。

解析結果

▲底面が 129.2℃、先端の最低部分で 122.4℃で輻射を考慮すれば温度はもう少し低いことがわかります。ただ、基本的にはヒートシンクのみでは十分に冷却できないことがわかります。

> **ヒント** ヒートシンクからの熱の輻射について

　ヒートシンクの場合、今回の事例のような棒状の形であってもあるいは板状の形状であっても、ほかの放熱板と向き合っている内側の面は、お互いに熱を交換しているので、内側の面からの放射熱伝達は皆無と考えてよいでしょう。基本的には包絡体積としての放射を考えればよいので、外側の面だけに輻射率を設定するということで構いません。ただ、設定上面倒であれば、CPU 接着面など本当に設定してはいけない場所以外はまとめて設定しても、大まかに傾向値の確認が主体であれば、それほど大きな計算結果の差にはならないでしょう。

対応策❷　強制対流

　多くの CPU クーラーでは、ヒートシンクとともにファンが備えられています。実際、ノート PC などで作業中に大きな負荷をかけるとファンが音を立てて動いていることがわかると思います。そこで、ファンが空気の強制対流を発生させていると考慮して熱伝達係数を変更します。

熱伝達係数の変更

　元の解析を利用するか、もしくはクローンを作成したら、熱伝達の条件のみを以下のように変更します。輻射率は定義したままにしておきましょう。

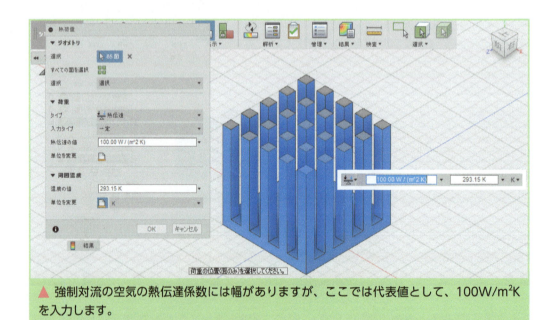

▲ 強制対流の空気の熱伝達係数には幅がありますが、ここでは代表値として、100W/m²K を入力します。

　変更点としては以上です。変更を保存したら解析を実行します。

解析結果

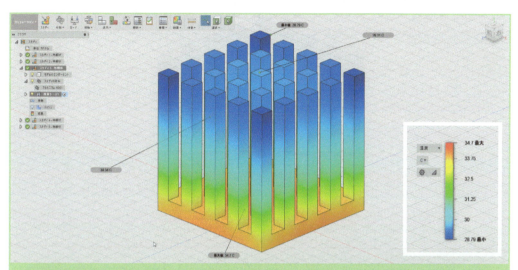

▲一番温度の高い底面においても 34.7℃、先端では 28.79℃と約 100℃温度が下がっています。これによって強制対流が大きな意味を持っていることがわかります。同じ物体であれば、熱伝導率は変わらず、温度勾配もほぼ同等と考えたときに、以下に熱伝達によって効果的に外に熱を逃がすのかということが重要であることがわかると思います。

参考情報

よく熱を伝える金属の熱伝導率は高く、断熱材と言われる物質は熱伝導率が低いですが仮に熱を伝えにくいゴムを金属のヒートシンクの代わりに使ってみたらどうでしょうか？

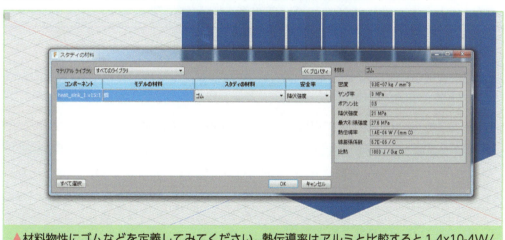

▲材料物性にゴムなどを定義してみてください。熱伝導率はアルミと比較すると 1.4x10-4W/(mm C) とオーダーが 3 桁違っています。熱伝達率は強制対流のままとします。

解析結果

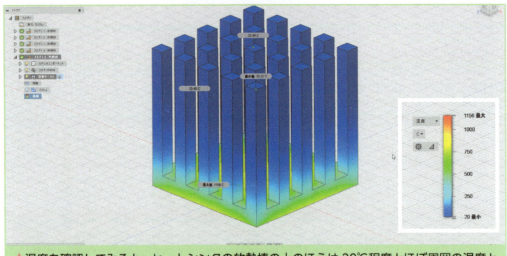

▲温度を確認してみると、ヒートシンクの放熱棒の上のほうは20℃程度とほぼ周囲の温度と同じでここにはほとんど熱が伝わっていないことがわかります。一方でヒートシンクの最も高温の部分は、1,156℃にもなっています。

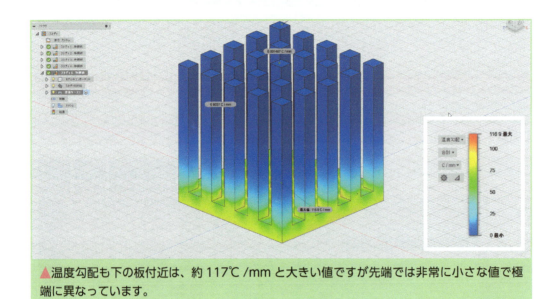

▲温度勾配も下の板付近は、約117℃/mmと大きい値ですが先端では非常に小さな値で極端に異なっています。

　熱の伝わりにくさである熱抵抗Rは、熱伝導率の逆数です。非常に大きな値ですから結果としてこのような温度差になっています。もちろん、本物のゴムは、1,156℃などというとんでもない状態に至るはるか手前で柔らかくなり溶けてしまうので、この定常熱伝導計算の結果自体は現実的には意味を持ちませんが、断熱性能の高い物質を使うことで、例えば火災などの際に、どのように熱を遮断できるかなどの断熱性の検討にも使用できるでしょう。

8.5 接触を考慮した熱伝導解析

　先程の解析では、ヒートシンクの底面に直接熱源を定義しました。しかし、実際のCPUとヒートシンクなど、アセンブリの状態で解析をしたいという場合もあると思います。Fusion360では、熱解析においても「接触」のオプションを使用することができます。熱解析においてサポートされる接触条件は、接着とオフセット接着のみです。なお、熱応力解析では通常の静的応力解析同様にすべての接触条件をサポートします。ただし、通常の接触条件に加えて接触面における熱伝導を定義するために、別途「熱コンダクタンス（Thermal Conductance）」の定義が必要になります。

解析モデルの定義

　ワークスペースをモデルに切り替えてCPUを想定したソリッドを作成します。なお、熱荷重等だけではなく、ジオメトリそのものを変更しますので「名前をつけて保存」で別ファイルを作成したほうがよいでしょう。

> 本解析対象パーツの3Dモデルデータ「example_8-2.f3d」は、ダウンロードサービスページからダウンロードしてください。ダウンロードサービスのURLは、本書冒頭p.10のダウンロード案内を参照してください。

▲ヒートシンクの真下に接するように、50mm x 50mmで厚さ5mmの直方体を作成します。Fusion360のモデリング機能では、ヒートシンクの底面の平面をそのまま押し出しのプロファイルで使用することができますが、押出しの際に必ず新規ボディー、または新規コンポーネントにすることを忘れないようにしてください。

265

CPUに見立てたソリッドボディーを作成したら、シミュレーションのワークスペースに戻ります。

材料定義

▲材料物性を定義します。本来は厳密に定義すべきものですが、ここでは1つの発熱体と考え、材料物性には、同じアルミの材料のものを定義します。

メッシュ分割

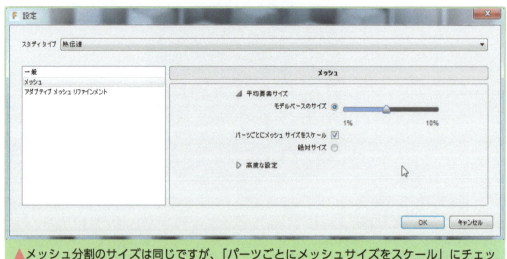

▲メッシュ分割のサイズは同じですが、「パーツごとにメッシュサイズをスケール」にチェックマークを入れてください。

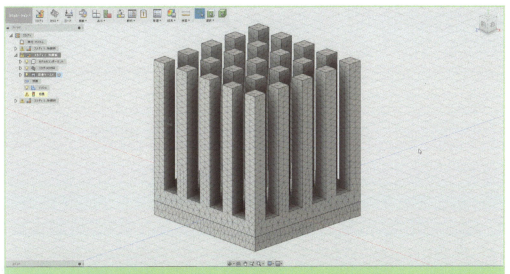

▲メッシュ分割の様子を確認します。ヒートシンク、CPUともにほぼ同じサイズで、十分に細かいメッシュ分割になることを確認します。

熱荷重条件の設定

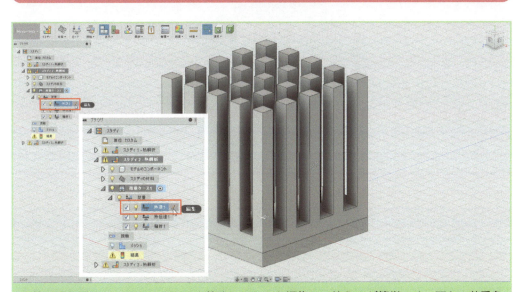

▲熱荷重各種については、すでに定義済みのものを編集して使うのが簡単です。既存の荷重条件にマウスのカーソルを合わせると鉛筆のマークが表示されるので、それをクリックします。ただし、CPUの発熱に関しては、前回定義した熱源は削除して代わりに内部熱を使用します。

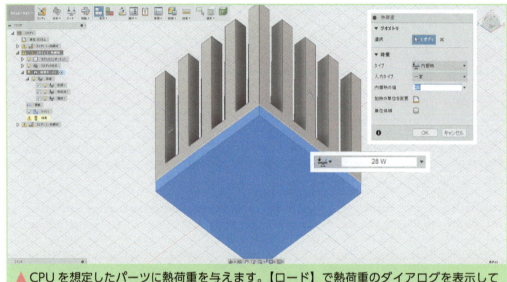

▲CPUを想定したパーツに熱荷重を与えます。【ロード】で熱荷重のダイアログを表示してタイプを内部熱に切り替えます。内部熱の大きさは単品での解析と同じ、28Wにします。

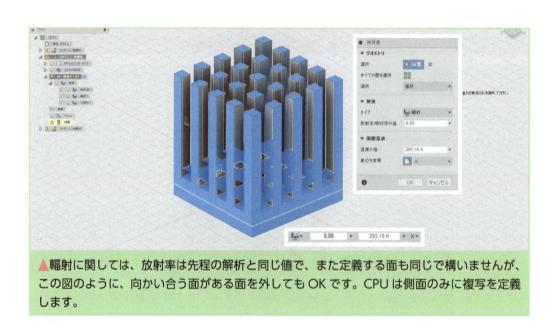

▲輻射に関しては、放射率は先程の解析と同じ値で、また定義する面も同じで構いませんが、この図のように、向かい合う面がある面を外してもOKです。CPUは側面のみに複写を定義します。

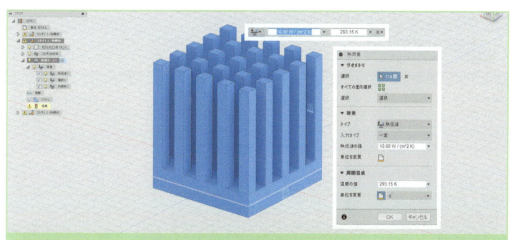

▲熱伝達については、先程の解析と同様にまず自然対流の状態を想定しますが、定義する面は先程の解析で定義した、底面を除くヒートシンクのすべての面と、CPUの4つの側面を加えます。CPUの上の面はヒートシンクに、また底面はマザーボードに取り付けられているので除外します。また、今回CPUの底面は断熱という想定をして特に境界条件を定義しません。

接触条件の定義

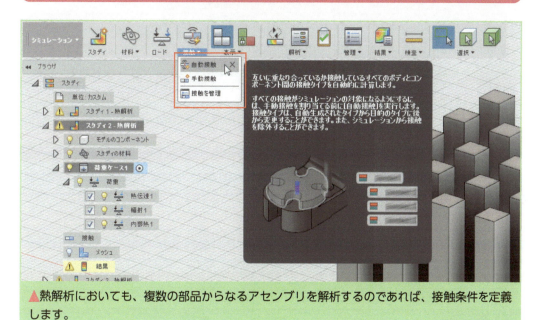

▲熱解析においても、複数の部品からなるアセンブリを解析するのであれば、接触条件を定義します。

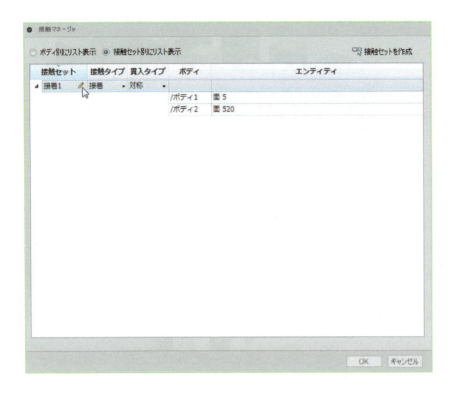

　接触面は、ヒートシンクの底面と CPU の上面の 2 つだけなので、【接触を管理】から接触マネージャを表示するとこのように 2 つの面からなる 1 ペアのみが表示されており、デフォルトの「接着」の条件が定義されています。ここで「接着 1」に表示されている鉛筆マークをクリックして、この接触条件を編集します。

熱コンダクタンスの入力

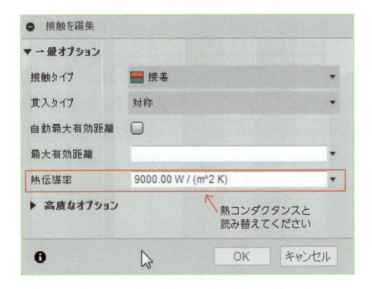

ここで入力が必要なのが、「熱コンダクタンス」です。なお、2017年9月時点でのダイアログの日本語でのこの項目は、熱伝導率となっていますが、これは熱伝導率ではなく「熱コンダクタンス」と読み替えてください。英語では非常に似ている言葉ですが異なる物性であり、熱伝導率を入れると正しく計算ができなくなるので注意してください。

　なお、ここに熱コンダクタンスを入力しない場合には、この接触面における熱抵抗はゼロと扱われます。

　今回は、CPUとヒートシンクの間に厚さが1mmのCPUグリスを塗布していると想定しています。また、CPUグリスは今回、熱伝導率が9W/(m・K)のシルバーグリスを使う想定にしますが、これを熱コンダクタンスにしてから入力する必要があります。

　熱コンダクタンスは、一般的には熱抵抗の逆数、あるいは熱伝導率をその物体の肉厚で割ったものとされます。単位は、W/(m^2・K)になります。

　今回はグリスの厚みを1mmとすると9,000 W/(m^2・K)になりますのでこの値を入力します。

　接触条件の定義が終わったら解析の準備が完了です。解析を実行しましょう。

解析結果の評価

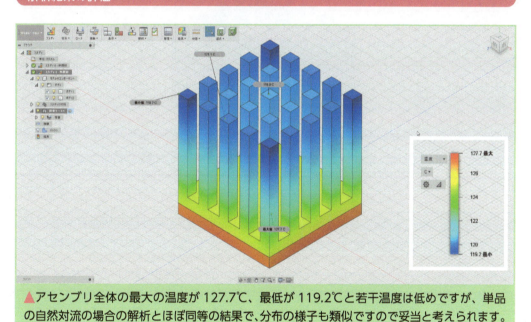

▲アセンブリ全体の最大の温度が127.7℃、最低が119.2℃と若干温度は低めですが、単品の自然対流の場合の解析とほぼ同等の結果で、分布の様子も類似ですので妥当と考えられます。

　ヒートシンクを非表示にしてみます。

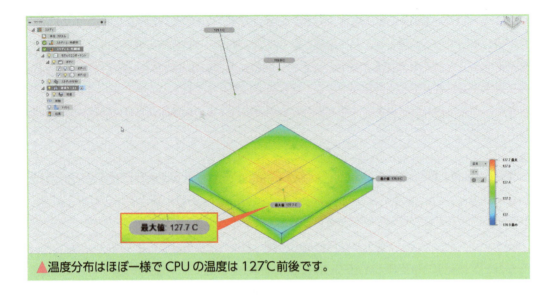

▲ 温度分布はほぼ一様で CPU の温度は 127℃前後です。

次に CPU を非表示にしてヒートシンクの様子を確認します。

▲ 28W の熱源がダイレクトに接していないため若干低めですが、ほぼ同等の温度、および温度分布になっていることが確認できます。

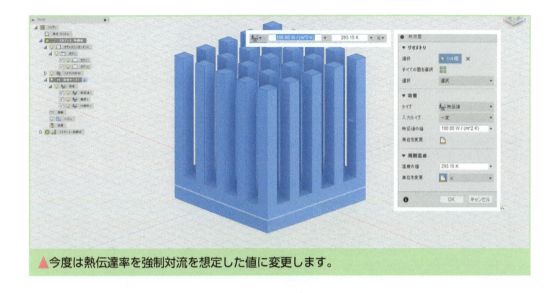
▲今度は熱伝達率を強制対流を想定した値に変更します。

まず温度分布を確認します。

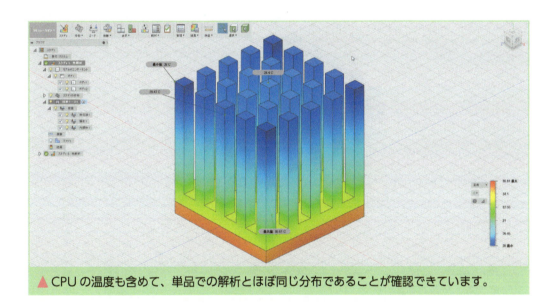
▲CPUの温度も含めて、単品での解析とほぼ同じ分布であることが確認できています。

先程同じようにヒートシンクを非表示にしてCPUのみを確認します。

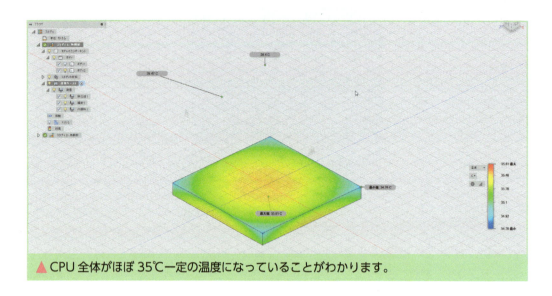

▲CPU全体がほぼ35℃一定の温度になっていることがわかります。

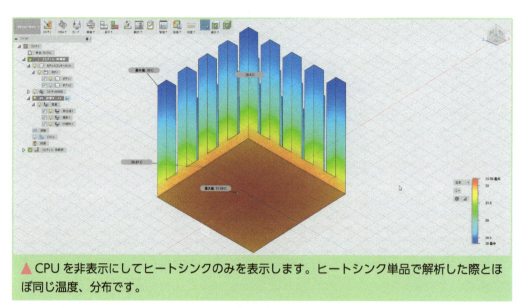

▲CPUを非表示にしてヒートシンクのみを表示します。ヒートシンク単品で解析した際とほぼ同じ温度、分布です。

　条件をしっかりと定義すれば、アセンブリでも単品でもかなり一致した結果を求めることができることがわかったと思います。このことは、設定条件の複雑さが増すアセンブリで解析をしなくても、適切な境界条件を設定すれば単品でも想定する結果を得ることができるということです。逆に今回であれば異なるCPUグリスの特性を考慮したいというような場合には、アセンブリとして解析をする必要があります。

LESSON 9

熱応力解析

熱応力解析

　最後のレッスンでは、熱応力解析を扱います。機械につきものの「熱」そのものが材料の特性やそのパーツのパフォーマンスに影響するため、前のレッスンではヒートシンクを題材にして、効果的に CPU の熱を冷却することにチャレンジしてみました。

　しかし、熱の影響というのはそれだけにとどまりません。暖められたり、逆に冷やされたりすることで、あらゆる物体は伸び縮みします。その伸び縮みによって、パーツの形状が歪んだり、アセンブリが外れてしまったり、甚だしい場合には破損することも考えられます。つまり、熱でありながら機械的な荷重の影響をパーツや製品全体におよぼし、ひいては製品の性能に影響を及ぼすことになるのです。

　そのような熱による機械的な影響を考慮して解析するための機能が熱応力解析です。

9.1　熱応力解析とは

　あらゆる物体は元々の状態から加熱されたり冷却されたりすることで伸びたり縮んだりします。金属などのように、すべての方向に挙動が同じ等方性の材料の場合には、どこも拘束されていなければ、あらゆる方向に一様に拡大したり縮小したりします。この膨張量、あるいは収縮量を決めるのが「線膨張係数」で一般に α（単位は、「1/K」または「1/℃」）で示されます。これに温度の変化量「ΔT」と長さ L を掛け合わせることで、変位量の「ΔL」を求めることができます。

$$\Delta L = \alpha\, L \Delta T$$

　熱によっていわば強制変位のような状態が起きますから、拘束条件に応じて、物体の内部に応力が発生します。

　また線膨張率 α は、物体ごとに固有の値を持っているので、異なる材料が接着されている状態で温度の変化が生じるとその結果、反りや歪みなどが生じることが考えられます。

　例えば、次に示すサーモスタットなどに使用されるバイメタルストリップなどです。サーモスタットでは、温度の変化を利用して機器のスイッチのオン／オフを制御しますが、そのときに使用されるのがバイメタルのスイッチです。バイメタルとは、線膨張係数が大きく異なる２つの薄い金属を貼り合わせたものです。たとえば、この２つが貼り合わされずに単に片方がもう片方に乗っかっているだけでは単に別々の伸び方をするだけですが、貼り合わされている場合には、相対的に片側が縮んだような状態になって反りが発生します。

　なお、Fusion360 では、「熱応力解析」という一つの解析の種類としてまとまっていますが、実際には熱応力解析は、熱解析（伝熱解析）と構造解析（応力解析）の２つの解析の連成解析

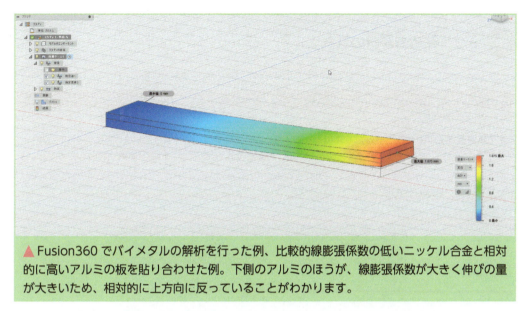

▲Fusion360でバイメタルの解析を行った例。比較的線膨張係数の低いニッケル合金と相対的に高いアルミの板を貼り合わせた例。下側のアルミのほうが、線膨張係数が大きく伸びの量が大きいため、相対的に上方向に反っていることがわかります。

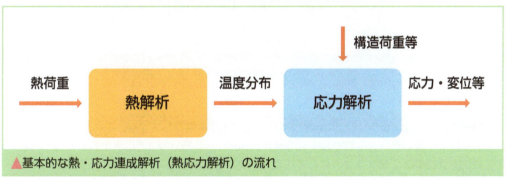

▲基本的な熱・応力連成解析（熱応力解析）の流れ

です。まず、熱解析を行って温度分布を求めた後に、その温度分布を用いて応力解析を行います。

　したがって、レッスン8の熱解析の場合には、構造拘束条件は必要ありませんでしたが、熱応力解析では、静的応力解析と同様に必要な構造拘束条件を定義する必要があります。追加の条件として、「無応力温度」を定義する必要があります。無応力温度とは、その温度において歪みがゼロ（つまり応力がゼロ）の状態の温度です。Fusion360においては、20℃をデフォルトの無応力温度にしていますが、必要があればこの値を変更します。熱応力解析では、この温度を基準にして温度の変化ΔTを計算して、熱による応力を求めます。

　それでは、実際に熱応力解析をやってみましょう。

9.2　熱応力解析の流れ

> モデルの設定

本解析対象パーツの3Dモデルデータ「example_9-1.f3d」は、ダウンロードサービスページからダウンロードしてください。ダウンロードサービスのURLは、本書冒頭p.10のダウンロード案内を参照してください。

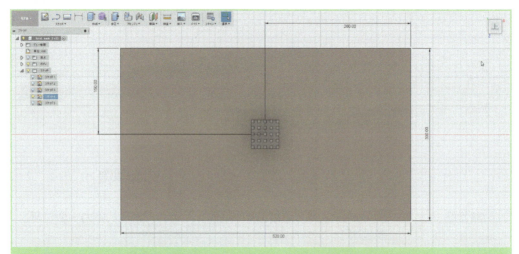

▲解析モデルには、レッスン8のヒートシンクとCPUを使用しますが、その下にボードを想定した板を作成します。ここでは、520mm x 300mm、厚さが1.5mmの板をCPUに見立てた直方体の真下に接するようにして作成します。必要に応じて「example_9-1.f3d」をダウンロードしてください。

▲また、板とCPUが接する面は面全体から分割しておきましょう。板の上面をスケッチ面にして、CPUのエッジを投影し、その投影線を用いて面の分割コマンドで分割するのが簡単です。

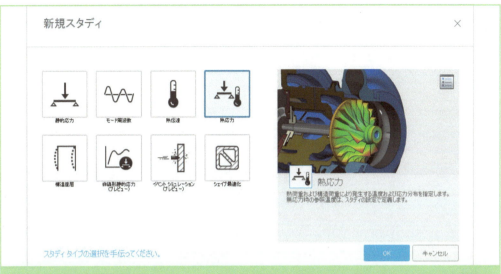

▲ボードの作成と配置が終わったら、一度そのモデルを保存してからシミュレーション環境に切り替えます。「熱応力」を選択してから OK をクリックします。

材料物性のカスタマイズと設定

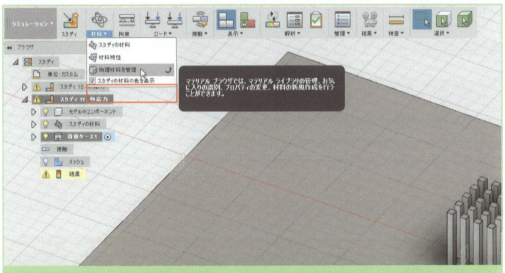

▲ボードの材料にはさまざまなものがありますが、ここではガラスエポキシを想定してみたいと思います。しかし、Fusion360 で用意されている標準の材料のリストの中には、ガラスエポキシはありません。そこで、材料のカスタマイズが必要になります。材料のカスタマイズをするには、【材料】>【物理材料の管理】をクリックします。

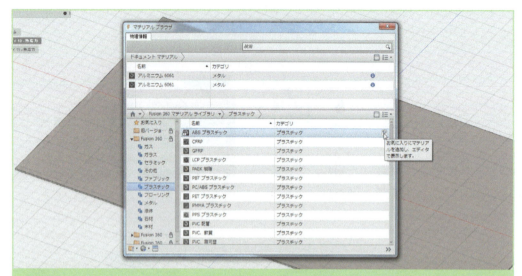

▲材料の一覧が表示されるので、どれか適当なもの、例えば「ABS プラスチック」などを選択して、その一番右にあるアイコンをクリックして、「お気に入り」に追加します。お気に入りに追加すると材料のカスタマイズが可能になります。

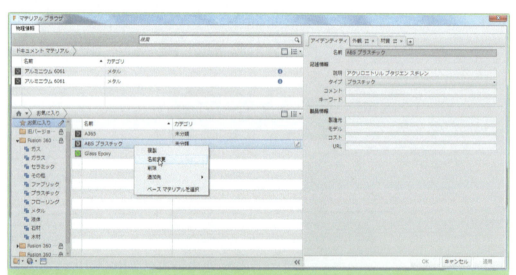

▲左側のリストの「お気に入り」をクリックすると、現在「お気に入り」に追加されている材料が表示されますので、その中で今追加した材料（ここでは ABS プラスチック）をマウスで右クリックして「名前変更」を選択します。

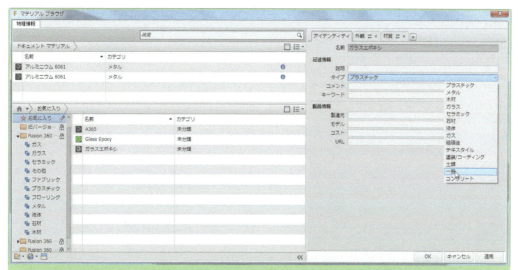

▲ 例えば名前をガラスエポキシとして入力し、確定すると右側の材料の情報を入力するフィールドの名前も変更されます。

　タイプは材料の分類のみなので、そのままでも構いませんが、一般などに切り替えておいてもよいでしょう。もし、適切な分類があればそれらに振り分けても構いません。

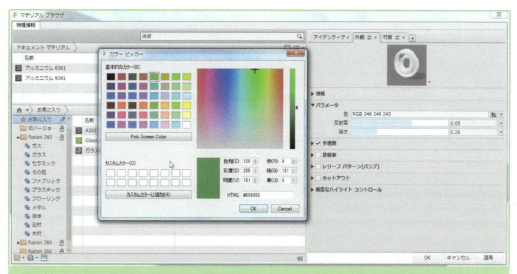

▲ 次にタブを切り替えて「外観」にします。ここでこの材料の見た目を変更することができます。外観の変更は必須ではありませんが、変更することで判別しやすいなどのことも考えられます。ここでは少し濃い緑色に変えたいと思います。色のところをクリックするとカラーピッカーが立ち上がるので、色やその濃さを調整して OK します。

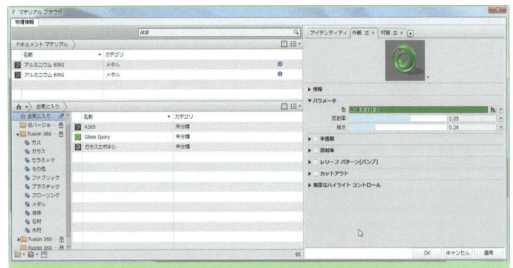

▲色が定まったら、「適用」をクリックします。この色がこの材料の色となります。

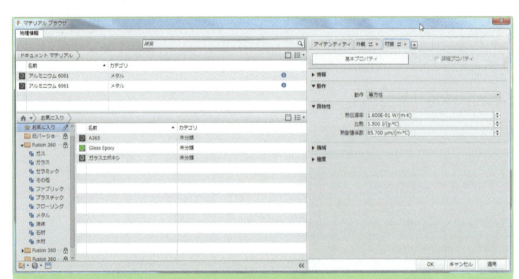

▲次に、タブを材質に切り替えます。プロパティには基本プロパティと詳細プロパティがありますが、今回使用するのは基本プロパティのみです。

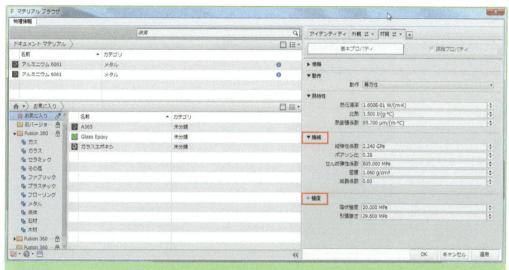

▲熱特性以外の「機械」や「強度」の特性が表示されていなければ、文字の左の三角形をクリックして中身を展開します。すでに入力されているものが、元々の材料の材料特性です。

ここで新たに材料特性を上書きしますが、ここでは次のようにしてみてください。

名称	物性値
熱伝導率	4.500E-01 W/(m・K)
熱膨張係数	14.000 μm/(m・℃)
縦弾性率	27.000 GPa
ポアソン比	0.16
せん断弾性係数	11600.000MPa
密度	1.800 g/cm³
降伏強度	330.000 MPa
引張強さ	330.000 MPa

上記の値は各種資料を元に類似のものを作成したものです。

ネットなどで検索する場合、資料によっては単位が違っていたり、情報が欠けていたりものが多く、複数の資料をあたって探す必要性がある場合もありますが、材料を購買している、あるいは特殊な材料を使用しているというような場合には、その材料のメーカーに確認して確実な物性を入手してください。なお、せん断弾性係数（横弾性係数）は必ずしも書かれていない場合もありますが、この値はヤング率（縦弾性係数）とポアソン比さえわかっていれば、下記の式から計算することができます。

$$G = \frac{E}{2(1+v)}$$

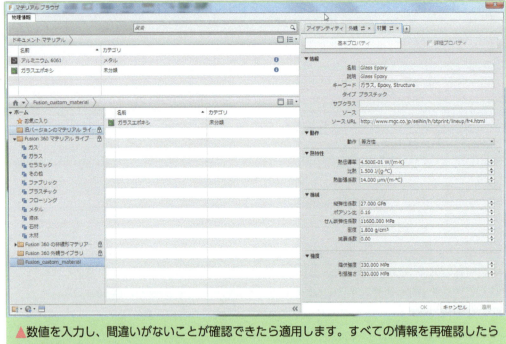

▲数値を入力し、間違いがないことが確認できたら適用します。すべての情報を再確認したらOKで閉じます。

材料の適用

【材料】＞【スタディの材料】をクリックしてダイアログを表示します。材料を検索しやすいように、ダイアログの上のほうにある「マテリアルライブラリ」で、「お気に入りライブラリ」を選択します。このようにすることで現在お気に入りに入っているものだけが表示されるので選択がしやすくなります。

▲「スタディの材料」の選択肢で、CPUとヒートシンクをアルミニウム6061に、最後に追加した板の物性のみを「ガラスエポキシ」に切り替えてからOKして材料を適用します。

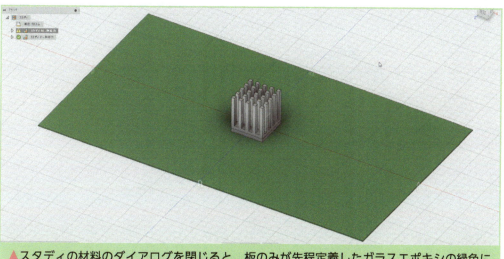

▲スタディの材料のダイアログを閉じると、板のみが先程定義したガラスエポキシの緑色になっていることから適切に割り当てられていることがわかります。

拘束条件の適用

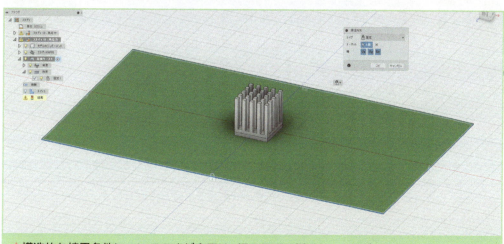

▲構造的な境界条件についてですが今回は、板の周囲の側面の4つ面適用します。CPUとヒートシンクについては、これら3つのすべてのパーツが接着されているという想定で、接触条件を接着にするので、この2つのパーツについては、構造拘束は定義しません。

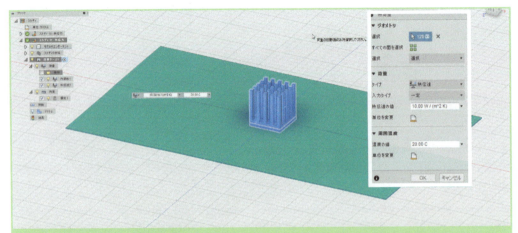

▲熱伝達の境界条件には、熱解析でも定義したヒートシンクとCPUの側面の面に加えて、ボードの面で、CPUが取り付けられる面（分割した面）を除いて追加します。最初の解析は、熱伝達係数は、自然対流を想定して10W/(m^{2}K) で進めます。

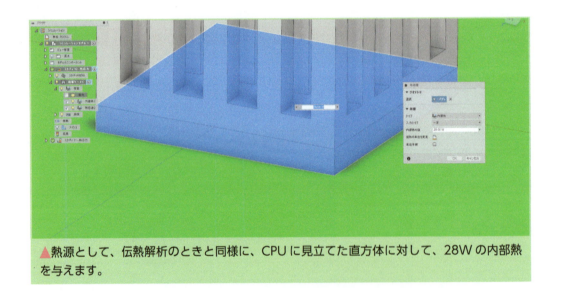

▲熱源として、伝熱解析のときと同様に、CPUに見立てた直方体に対して、28Wの内部熱を与えます。

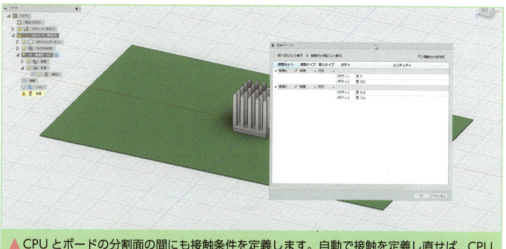

▲CPUとボードの分割面の間にも接触条件を定義します。自動で接触を定義し直せば、CPUとヒートシンクに加えて、こちらの接触も定義されます。

▲なお、CPUとボードの間にどのくらいの熱抵抗があるのかは、ここでははっきりしませんので、ここではCPUとヒートシンクの間の接触と同じ熱コンダクタンス「9,000W/(m²K)」を定義します。

メッシュの設定

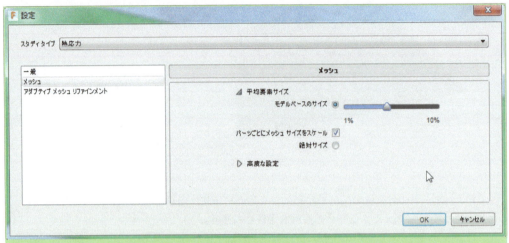

▲メッシュのサイズも熱解析のときと同様の設定をします。また、「パーツごとにメッシュサイズをスケール」にもチェックを入れておきます。

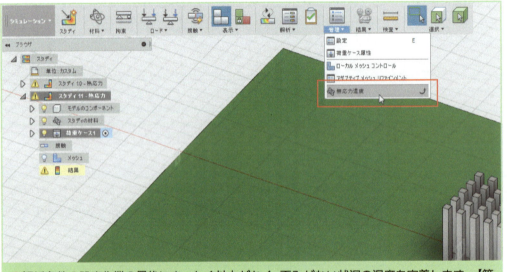

▲解析条件の設定作業の最後にまったく外力がなく、歪みがない状況の温度を定義します。【管理】＞【無応力温度】をクリックしてください。

▲ デフォルトの状況では、20℃が一律に定義されています。これが既定値なので特に問題がなければ、「規定を使用」にもチェックマークがついていると思います。今回はこのままで解析を進めますので、すべての無応力温度が 20℃になっているのを確認したら、OK でこのダイアログを閉じて、解析を実行してください。

解析結果の処理

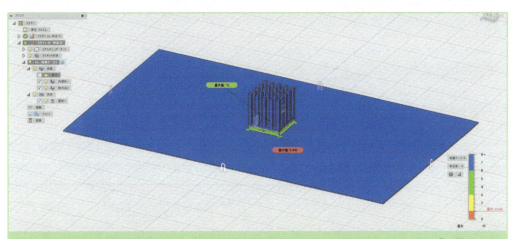

▲まず全体の安全率を確認してみます。この状況だけからではよくわかりませんが、微妙に安全率が 1.0 を下回っているところがあるようです。アセンブリのままでは細かい結果を確認することが難しいので、個別のパーツごとに確認していきたいと思います。

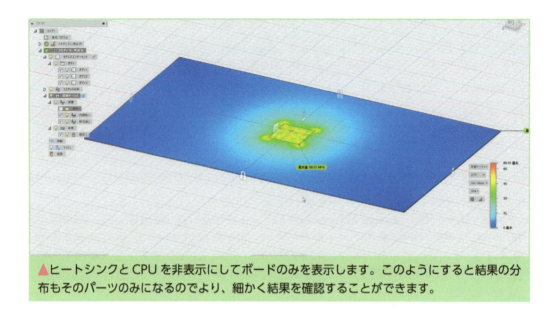

▲ヒートシンクとCPUを非表示にしてボードのみを表示します。このようにすると結果の分布もそのパーツのみになるのでより、細かく結果を確認することができます。

まず、応力を確認してみます。最大の応力、66.01MPaが接着面の角付近に確認されていますが、降伏強度よりも十分に小さな値ですので問題がないと考えられます。

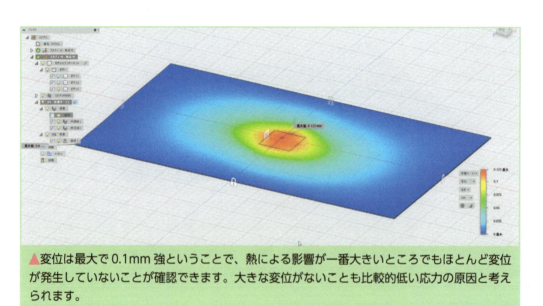

▲変位は最大で0.1mm強ということで、熱による影響が一番大きいところでもほとんど変位が発生していないことが確認できます。大きな変位がないことも比較的低い応力の原因と考えられます。

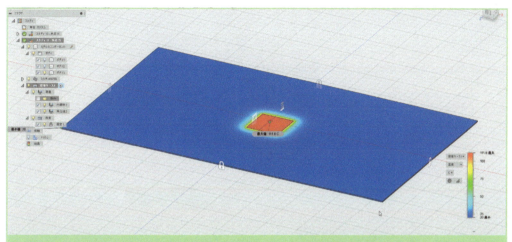

▲温度分布も確認してみます。アルミなどに比べて、熱伝導率が3桁ほど小さいこともあり、CPUに接している面は、100℃を超える高温ですが、熱の影響はその周囲に留まっており、板の大半には、ほとんど伝わっていないことがわかります。

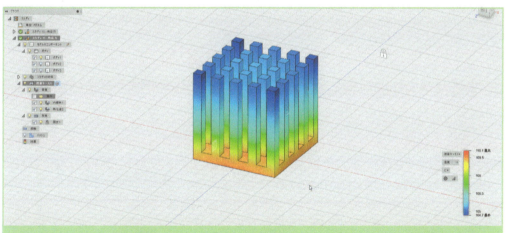

▲次にヒートシンクの確認をします。ボードを非表示にして、ヒートシンクを再表示します。基本的な温度分布は、熱解析を行った際の温度分布と変わりませんが、ボード方向にも熱が逃げるせいか、全体的な温度は少し低めに出ています。

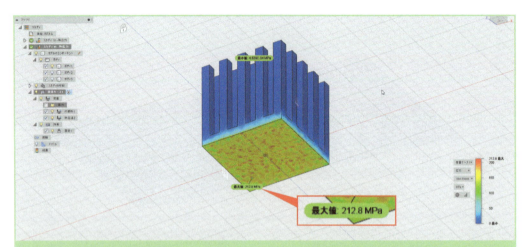

▲応力は計算上の数値誤差等もあると思われ、まだらな応力分布になっていますが、基本的には 180MPa 程度の応力が底面に発生しています。これは接着の接触条件でボードに固着しているため変位によって発生した応力が底面付近に発生していることによります。ただ、アルミの降伏応力を考えるとかなり高い値になります。

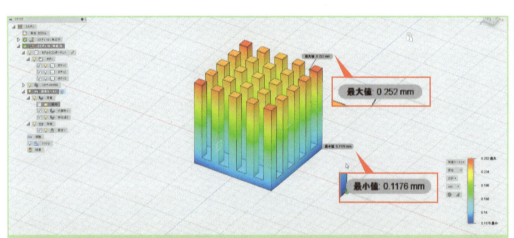

▲変位を確認します。変位は最大で約 0.25mm、放熱棒の頂点付近で出ています。根本付近は CPU に拘束されているので、問題のない結果と言えます。なお、最低でも 0.1mm 程度の変位がありますが、これは CPU の変形にも影響されています。

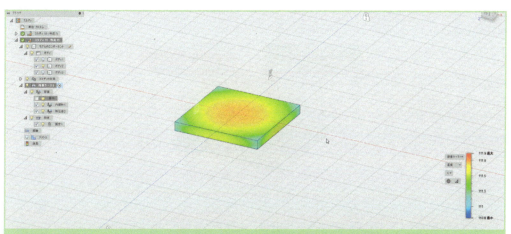

▲最後に CPU のユニットの確認をします。まずは温度分布を確認します。全体的には111.5℃程度になっています。熱伝導率はアルミの高いもので内部熱は CPU に定義していますので、ほぼ一様で結果としては問題ありません。

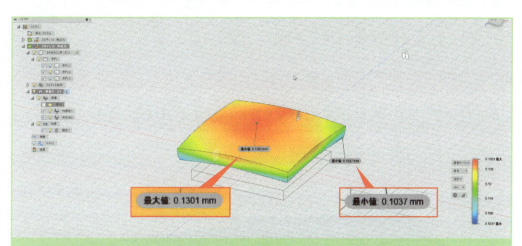

▲次に変位を確認します。変形スケールは「調整」にします。中央付近で上方向に 0.13mm、下側の角付近では水平方向に 0.1mm ほどの変形になっています。この値は、ヒートシンクやボードの変形と一致しいます。熱の分布は熱膨張係数のより小さなボードに接着しているためほとんど変形ができず、逆に同じ熱膨張係数のヒートシンクに接している側は、より大きく変形しているため結果的に反るような変形になっています。

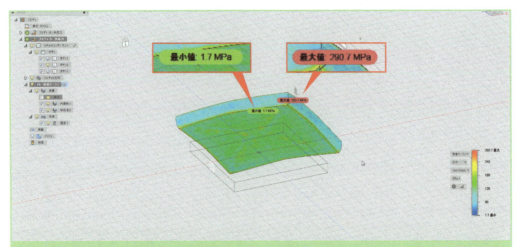

▲応力については、非常に小さな値が最小値として表示されていますが、その一方で角付近に200MPaを超える応力がでているほか、基本的に下側のエッジ全般に高い応力値を示す色が表示されています。角付近には応力集中が起きますが、角はFEMでは特異点になる場所でもあり、また外挿誤差も考えられます。ただ、表示されている色から下面全体の応力がほかの場所に加えて高く、180MPa程度の応力が発生しており、CPUに定義された材料物性から考えると高く、より低減する必要があることが考えられます。

強制対流に条件を変更する

熱伝達係数を、強制対流を想定した数値に変更して解析を再実行しましょう。

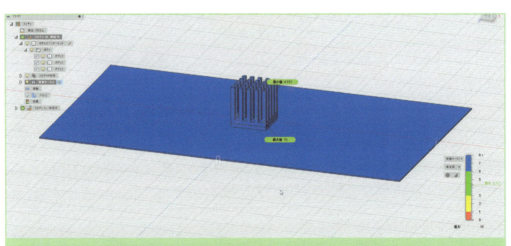

▲伝熱解析では、強制対流にすることで温度が大きく下がったことが確認できました。そこで、熱応力解析でも強制対流で応力や変位の状況を確認してみます。まず、アセンブリ全体の安全率を確認すると最も低い場所でも適切な安全率を持っていることがわかります。

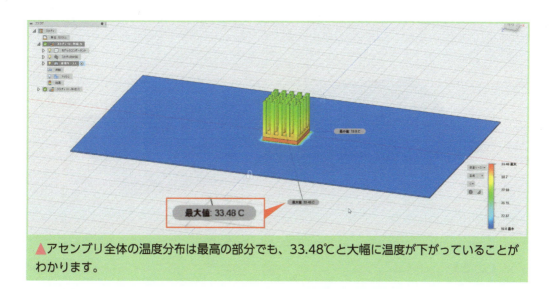

▲アセンブリ全体の温度分布は最高の部分でも、33.48℃と大幅に温度が下がっていることがわかります。

あらためて個別の状況を確認していきます。

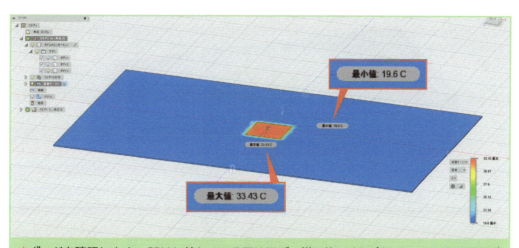

▲ボードを確認します。CPUに接している面はほぼ一様に約に33.4℃になっている一方でその周囲にはその温度が伝わっていないのは、自然対流の際と同じです。なお、最低の温度は、19.6℃と最初の温度や周囲の温度よりも低くなっています。物理的に考えにくいですが、これはFEMのメッシュの積分点から節点に外挿した温度を求めた時の誤差と考えられますので、これは20℃と考えてよいでしょう。

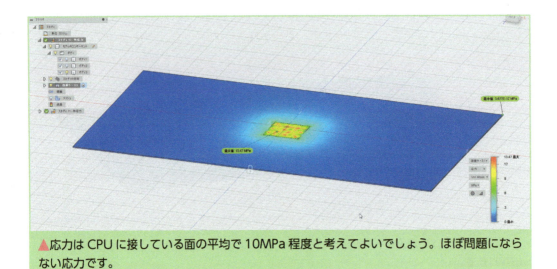

▲応力は CPU に接している面の平均で 10MPa 程度と考えてよいでしょう。ほぼ問題にならない応力です。

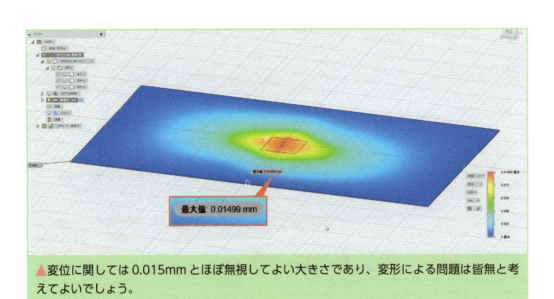

▲変位に関しては 0.015mm とほぼ無視してよい大きさであり、変形による問題は皆無と考えてよいでしょう。

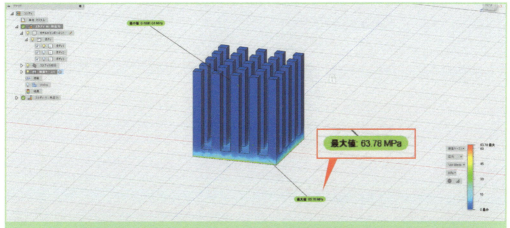

▲ヒートシンクを確認します。応力については最大値が底面付近で、63.78MPa が確認されますが、それ以外はほぼゼロと考えてよいでしょう。応力値は 1/3 程度になっており大幅な応力緩和ができたことがわかります。

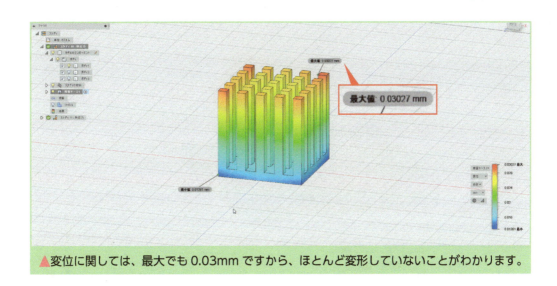

▲変位に関しては、最大でも 0.03mm ですから、ほとんど変形していないことがわかります。

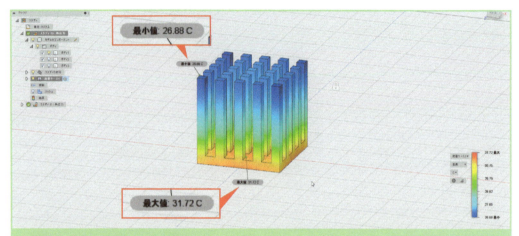

▲温度の分布を確認します。最大で 31.72℃、最小で 26.88℃と 5℃以内の分布に収まっています。CPU で発生した熱を効率的に排熱していることから温度上昇が抑えられています。これが結局熱による変形やそれによる応力を下げることにつながっています。

最後に CPU の確認をします。

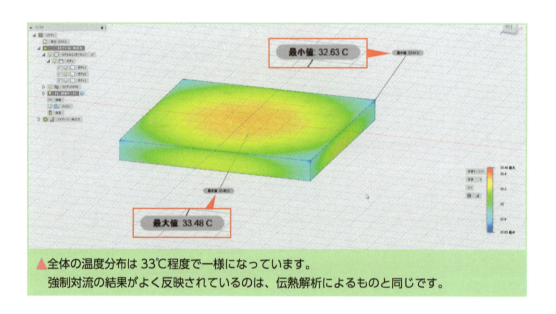

▲全体の温度分布は 33℃程度で一様になっています。
　強制対流の結果がよく反映されているのは、伝熱解析によるものと同じです。

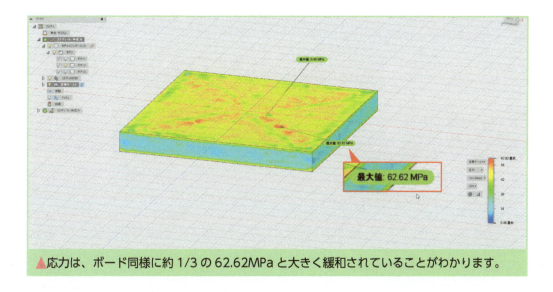

▲応力は、ボード同様に約1/3の62.62MPaと大きく緩和されていることがわかります。

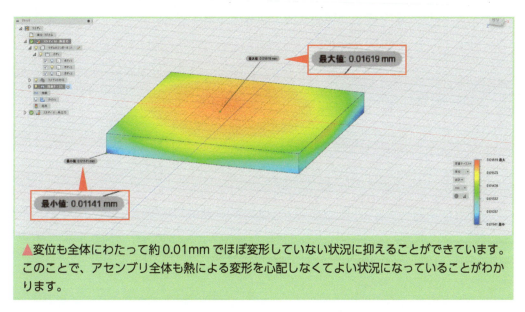

▲変位も全体にわたって約0.01mmでほぼ変形していない状況に抑えることができています。このことで、アセンブリ全体も熱による変形を心配しなくてよい状況になっていることがわかります。

　このように、異なるさまざまな材料を組み合わせて使う際、熱による影響は単にパーツそのもののパフォーマンスや材料特性に影響するだけではなく、物理的にも、変形によってアセンブリに悪影響を与えることが考えられ、温度上昇を抑えることが機械的にも意味があることがわかります。

索　引

数字・英字

3D CAD	12
CAD	12
CAE	12,14
SI 単位	20

あ

アセンブリ	184
アセンブリ解析	192
圧縮	32
圧力	64
粗い	190
安全率	70
イベントシミュレーション	52
永久歪み	44
延性材料	43
円筒座標系	22
応力	34,45
応力解析	100
応力緩和	122
応力集中	47,157
オフセット接着	191
オリエンテーション	26

か

解析機能	50

解析プログラム	15
解析メッシュ	17
荷重	45,55,232
干渉	194
基準温度	51
基本単位	20
球座標系	24
共振	241
強制対流	262
強制変位	113,148
極座標系	22
局所座標系	22
組立単位	20
グローバルな慣性角荷重	232
剛性	125,152
剛性マトリックス	52
構造解析	30
構造荷重	63
構造拘束	60
構造座屈	52
拘束	54
降伏点	42
固有周波数	234
固有値解析	220
コンター図	46

さ

サーフェス	86
最大引張強度	111

材料物性	171		塑性変形	31
材料力学	30		ソルバー	19
座屈	52			
座標系	21			

シェイプ最適化	52	
シェーディング	54	

● た ●

シェル要素	27
ジオメトリ	54

対流	244
たわみ量	38
弾性域	42
断面2次モーメント	38
断面係数	38
力	64
直行座標系	22
定常解析	245
テトラメッシュ	26
テトラ要素	27
伝熱解析	244
動解析	52

軸受荷重 64
自動接触 198
シミュレーション 50
自由度 26
主応力 40
樹脂 44
手動接触 198
振動モード 225
垂直歪み 35
スタディ 50,55
スタディをクローン化 79
スナップフィレット 120
スライド 188
静水圧 64
脆性材料 43

● な ●

ねじり	33
熱応力	51
熱応力解析	278
熱コンダクタンス	265,271
熱伝達	51,247
熱伝導	246
熱伝導解析	244

静的応力 51
接着 186
節点 26
接頭辞 21
全体座標系 22
せん断 33
せん断弾性係数 283
せん断歪み 35
線膨張率 276
相当応力値 41

● は ●

破断	31

塑性域 42

302

バンドコンター	72	メッシュ	55,83
ビーム要素	27	面取り	161
歪み	34,45	モード周波数	51
非線形性	52	モード周波数解析	220
非線形静的応力	52	モーメント	32,64
引張り	32		
引張応力	34		
引張弾性率	44		
非定常解析	245		
非鉄金属	44		

● や ●

ヤング率	36,283
有限要素法	16
ユーザーインターフェイス	14,53
要素	18,25
横弾性係数	35

フィレット	164
フーリエの法則	246
輻射	244
輻射率	261
フックの法則	18
プリチェック	67
プリプロセッサー	19
プリポスト	19
プロペラ	227
分離	187
ヘキサ要素	27
変位	45,70
ポアソン比	36,283
放射	244,249
膨張量	276
ポストプロセッサー	19

● ら ●

ランチョス法	229
リモート荷重	64

● わ ●

ワイヤフレーム	54

● ま ●

曲げ	32
摩擦係数	190
マテリアルライブラリ	284
ミーゼス応力	41

■ 著者略歴

水野 操 (みずの みさお)

1967年東京生まれ。1992年Embry-Riddle Aeronautical University（米国フロリダ州）航空工学修士課程修了。外資系CAEベンダーにて非線形解析業務に携わった後、PLMベンダーや外資系コンサルティングファームにて、複数の大手メーカーに対する3D CAD、PLMの導入、開発プロセス改革のコンサルティングに携わる。さらに、外資系企業の日本法人立ち上げや新規事業企画、営業推進などに携わった後、2004年にニコラデザイン・アンド・テクノロジーを起業し、代表取締役に就任、オリジナルブランド製品の展開や、コンサルティング事業を推進。2016年に、3D CADやCAE、3Dプリンター導入支援などを中心にした製造業向けのサービス事業を主目的としてmfabrica合同会社を設立。さらに、2017年5月に高度な非線形解析業務を展開する株式会社解析屋の設立に参画。CTOとして積極的に解析業務を推進する。

主な著書に、『絵ときでわかる3次元CADの本 選び方・使い方・メリットの出し方』『3D CAD＋CAEで設計力を養え』『思いどおりの樹脂部品設計』（以上、日刊工業新聞社）、『3Dプリンター革命』（ジャムハウス）、『人工知能は私たちの生活をどう変えるのか』（青春出版社）など。

http://www.mfabrica.com/
http://www.nikoladesign.co.jp/

例題でわかる！
Fusion360でできる設計者CAE

NDC531

2017年10月26日　初版第1刷発行	(定価はカバーに 表示してあります)
2024年12月27日　初版第4刷発行	

©	著　　　者	水野　　操
	発　行　者	井水　治博
	発　行　所	日刊工業新聞社
		〒103-8548 東京都中央区日本橋小網町14-1
	電　　　話	書籍編集部　03 (5644) 7490
		販売・管理部　03 (5644) 7403
	Ｆ　Ａ　Ｘ	03 (5644) 7400
	振 替 口 座	00190-2-186076
	Ｕ　Ｒ　Ｌ	https://pub.nikkan.co.jp/
	e - m a i l	info_shuppan@nikkan.tech
	デザイン・DTP	HOPBOX
	印刷・製本	新日本印刷（POD3）

乱丁本・落丁本はお取り替えしたします。
2017 Printed in Japan
ISBN 978-4-526-07758-6

本書の無断複製は、著作権法上での例外を除き、禁じられています。